JN111125

わかる工学全書

わかる表面電子回折

大同大学 名誉教授 工博　堀 尾 吉 已 著

日 新 出 版

まえがき

　ここ数十年の科学技術の発展には目を見張るものがある．特に電子デバイスの進化は日常生活を取り巻く家電製品や情報機器そして自動車等に大きな変革をもたらしている．多くの家電製品には CPU（central processing unit）が搭載され，自動制御機能を備えるようになった．最近では IoT（internet of things）を利用した遠隔操作も可能になりつつある．スマートフォンや PC（personal computer）をはじめとする情報機器は，より多くの情報を高速で伝達・処理することが可能となった．また，自動車には各種センサーが組み込まれて安全性を高め，自動運転もいよいよ現実味を帯びてきた．このような技術の背後にはソフト面のみならず，ハード面における電子デバイスの微細化や高機能化，或いはメモリー容量の増大等が挙げられる．

　今や電子デバイスを原子レベルで構築し，そこに現れる量子現象を巧みに利用する時代にある．ナノサイエンスを開拓し，ナノテクノロジーを駆使することが益々重要となっている．そこでは原子レベルで加工や構築する技術のみならず，原子レベルで観察・評価・分析する手法も必要となる．

　古くは 1931 年にクノール（M. Knoll）とルスカ（E. A. F. Ruska）によって開発された電子顕微鏡は，生物細胞のような有機物のみならず，無機物質の原子レベルの観察にも貢献してきた．電子顕微鏡は透過電子回折を利用するため，電子線が透過できる薄膜試料に限られる．そのため，電子デバイス表面の原子配列の観察には試料を寸断して薄片にするなどの加工技術を駆使する必要がある．それに対し，反射電子回折法は試料表面で反射する電子を観察するた

め，試料を薄片化する必要はなく，比較的手軽に観察できる．しかしながら，電子線を真空中で使用するため排気系が必要である．また，試料表面が汚染ガスで覆われれば表面観察の妨げとなるため，少なくとも 10^{-7} Pa 程度の超高真空環境が必要となる．

結晶構造の分析手法して X 線回折（X-ray diffraction, XRD）法がある．X 線は原子との相互作用が弱いため侵入距離は深く，また，X 線回折強度は 1 回散乱に基づく運動学的回折理論により解釈できる．一方，電子は原子との相互作用が強いため多重散乱効果が強く，試料への侵入距離は浅い．そのため，厳密な電子回折強度は多重散乱に基づく動力学的回折理論を用いる必要がある．しかしながら，回折図形（回折パターン）に現れる回折斑点の幾何学的位置や斑点形状に関しては運動学的回折理論で十分解釈できる．また，回折強度の概容であれば，1 回散乱理論でもその特徴を得ることができる．反射電子回折法は，表面近傍の限られた深さ領域の原子配列の分析・評価に極めて有力な手法であり，これを**表面電子回折法**と呼ぶ．一般に表面電子回折法には，低速電子回折（low-energy electron diffraction, LEED）法，中速電子回折（medium-energy electron diffraction, MEED）法，そして反射高速電子回折（reflection high-energy electron diffraction, RHEED）法が含まれる．

表面の原子配列の観察には他にも 1982 年にビーニッヒ（G. Binnig）とローラー（H. Rohrer）により開発された走査トンネル顕微鏡（scanning tunneling microscope, STM）がある．これは極めて鋭利な針先を試料表面に 1nm 程度まで接近させ，針と試料との間に 1 V 程度の電圧を印加することで流れるトンネル電流を計測する手法である．この探針を試料表面に沿って走査しながら，探針と原子との間の距離の微小な変化をトンネル電流の大きな変化として検出し，それを画像化したものが STM 像である．この STM 像により，表面の原子配列を直接見たかのような実空間観察ができる．STM は，針が走査する場所の極めて局所領域の観察に適している．それに対し，表面電子回折法は電子線照射領域の平均的な原子配列情報を得る方法であり，その反射回折図形は逆空間情報であるため数値処理（フーリエ変換に相当）することで表面の原子配

列を知る．特に RHEED 法は，薄膜成長のその場観察といった実用面で必須
の手法となっている．

　このように，表面電子回折法は表面領域の原子配列（或いは原子構造）を分
析する有効な手法であり，結晶表面近傍で反射回折した電子群を蛍光スクリー
ンに映し出し，その回折図形から表面の原子配列や形態などを分析・評価する
ものである．本書はこの表面電子回折法を解説した入門書である．直接原子像
を観察する STM 像と違い，蛍光スクリーンに映し出される回折図形，すなわ
ち回折斑点の幾何学的配置や強度・形状を解析するには逆格子空間の概念を理
解する必要がある．特に本書では逆空間情報である回折図形と実空間情報であ
る表面原子配列との関係についてわかりやすく解説した．

　電子が原子或いはその集合体である結晶によって散乱される現象は量子力学
による解釈が必要となる．負電荷を有する入射電子は原子或いは結晶の静電ポ
テンシャル場の中で強いクーロン散乱を受けるため，結晶内部で多重散乱す
る．原子との相互作用が弱い X 線回折強度を求める場合は，一般に 1 回散乱
を扱う**運動学的回折理論**（以後，運動学的理論と呼ぶ）が用いられるが，原子
との強い相互作用により生じる多重散乱電子の強度を厳密に議論するには**動
力学的回折理論**（以後，動力学的理論と呼ぶ）を用いる必要がある．これは，
シュレーディンガー方程式から導かれる基礎方程式の解を求めるものであり，
運動学的理論より計算が複雑である．このような厳密な動力学的理論について
も解説すべきであるが，入門書としての本書のレベルから逸脱するため別の機
会に譲ることにする．しかしながら，回折斑点の幾何学や斑点形状，そして場
合によっては斑点強度の振舞いを分析・評価するには本書で扱う運動学的理論
で十分有効である．

　表面電子回折に関する入門書は数少なく，散乱現象の基礎的理論式の導出や
逆空間をわかりやすく解説する書物も少ないように思う．そこで，本書はまず
実際に使用する表面電子回折装置の説明から始め，さらに電子散乱の基礎理論
については数式の導出に関して他書では見られないほど詳しく記述した．ま
た，数多くの回折図形を**エワルドの作図**を用いて解説し，逆空間の概念を容易

に理解できるようにした.

　本書の構成は以下の通りである.第1章の表面電子回折装置の紹介から始め,第2章では回折現象を生む電子波の性質について説明する.第3章では逆格子の定義について述べ,第4章で回折条件と逆格子との関係について次元別に説明する.第5,6章では結晶表面からの反射回折図形をエワルドの作図を用いて解説する.第7章では原子による電子の散乱現象について,その基礎理論を学ぶ.第8,9章では運動学的理論を用いて3次元結晶と2次元結晶表面からの反射回折強度を導く.表面電子回折図形には結晶表面からの回折斑点のみならず,結晶内部からの菊池図形も現れる.また,表面からの反射が増強する表面波共鳴条件がある.このような現象について第10章で解説する.第11章では各種表面形態による回折斑点の特徴的形状についてまとめる.第12章以降は表面電子回折法の応用例を紹介する.第12章では従来のRHEED装置にエネルギーフィルタを装備することで観測可能となる微傾斜表面の形態情報を紹介する.第13章では菊池線と回折斑点との幾何学的位置関係から得られる傾斜表面の形態情報を紹介する.第14章では薄膜成長観察に利用されるRHEED強度振動の具体例を紹介する.第15章では基板上に成長したGeナノクラスタの特徴的形態がLEEDとRHEEDの回折斑点の形状に如何に現れるか紹介する.第16章では十個前後の原子からなる極めて小さなPtナノクラスタの無秩序配向に対するRHEED図形の特徴を計算から明らかにする.最終章の第17章ではLEED,MEED,RHEEDの特徴についてまとめる.

　本書は,私がこれまで40年以上にわたり携わってきた表面電子回折法の経験や知識を収めたものでり,それは一宮彪彦名古屋大学名誉教授のご指導の元で培った内容が多く含まれている.電子回折図形は直接的に表面の原子配列を観るものではなく,あくまでも逆空間情報である.したがって,それを実空間情報に変換する必要があり,そのような手間が若い研究者に敬遠される要因になっているかもしれない.しかしながら,表面構造分析手法として本手法は他の手法には代えがたいものであり,学術的あるいは技術的にも現在なお発展している.この表面電子回折の基礎的知見が若い研究者にも継承されることを

願い，本書の執筆を決意したしだいである．

　折しも本年は，ド・ブロイによる物質波の概念が提唱された 1924 年から 100 年目にあたる．その 3 年後の 1927 年には，それまで粒子として考えられていた電子にも波動性が備わっていることが実験的に検証され，電子波の概念が生まれた．すなわち，電子回折法の誕生である．そのような節目に本書が出版されることは大変感慨深く，意義深いものと思われる．

　浅学の小生の記述内容について誤記や間違いがあれば，出版社にご連絡いただければ幸いである．これから表面電子回折法を学ぼうとする物理学分野，結晶・材料工学分野，電気・電子工学分野の学部学生，あるいは研究に本手法を利用する大学院生，研究者の皆様に本書が役立てられることを切に願う．

　最後に，本書を執筆する上で日新出版株式会社の小川浩志社長には常に大変あたたかい励ましをいただき，ここに感謝申し上げる．また，これまで研究生活に専念でき，本書の出版を迎えることができたことは，亡き父宇一と亡き母トキハそして妻久美子のおかげであり，深く感謝する．

2024 年 4 月 17 日

堀尾吉已

目次

まえがき i

第 1 章 実験装置 1
1.1 電子銃 2
1.2 表面電子回折装置 9

第 2 章 電子波の性質 14
2.1 電子の波動性 14
2.2 電子波の波数ベクトル 17
2.3 結晶ポテンシャル 18
2.4 電子波の屈折と分散面 19
2.5 電子波の入射と反射 20
2.6 電子の波動関数 24
2.7 電子線の吸収 27
2.8 コヒーレント長 30

第 3 章 結晶格子と逆格子 32
3.1 結晶格子 32
3.2 3次元格子 33
3.3 格子面とミラー指数 35
3.4 3次元格子の逆空間 39

3.5	２次元格子	41
3.6	２次元格子の逆空間	43
3.7	３次元格子と２次元格子との関係	44
3.8	１次元格子と逆空間	46
3.9	１次元，２次元，３次元の結晶格子と逆格子	47

第 4 章　各次元の結晶格子からの反射回折　50

4.1	１次元格子からの反射	50
4.2	２次元格子からの反射	53
4.3	３次元格子からの反射	55

第 5 章　結晶表面からの反射回折　60

5.1	RHEED におけるエワルドの作図	60
5.2	LEED におけるエワルドの作図	63
5.3	屈折効果を考慮した反射回折	65
5.4	面心立方格子 (001) 表面からの反射回折図形	68

第 6 章　超構造表面からの反射回折　72

6.1	理想表面と表面超構造	72
6.2	表面構造の表示法	73
6.3	超構造表面からの回折図形	78

第 7 章　運動学的理論　81

7.1	散乱波の干渉	81
7.2	Ｂｏｒｎの第一次近似とＧｒｅｅｎ関数	84
7.3	原子による散乱	89

第 8 章　３次元結晶からの反射回折強度　95

8.1	３次元結晶からの散乱波	95
8.2	立方格子からの散乱振幅	97

8.3 格子振動による回折強度の変化 102

8.4 熱振動による原子の平均二乗変位 104

8.5 RHEED ロッキング曲線の運動学的計算 107

第 9 章 表面からの反射回折強度 112

9.1 理想表面に対する反射回折強度 112

9.2 超構造表面に対する反射回折強度 127

第 10 章 菊池線と表面波共鳴 132

10.1 菊池線の発生 132

10.2 表面波共鳴 136

10.3 アストロドーム型 RHEED 139

10.4 MEED 図形内の菊池図形 143

第 11 章 表面形態 147

11.1 表面形態と反射回折図形 147

第 12 章 微傾斜表面からの回折 154

12.1 微傾斜表面からの散乱 154

12.2 Si(111) 微傾斜表面からの回折斑点 159

12.3 Si(0 0 1) 微傾斜表面からの回折斑点 162

第 13 章 傾斜表面からの菊池線と回折斑点 166

13.1 RHEED 図形内の回折斑点と菊池図形の屈折 166

13.2 傾斜表面の作成 168

13.3 Si(0 0 1) 傾斜表面の RHEED 図形 169

13.4 Si(1 1 1) 傾斜表面の RHEED 図形 173

13.5 まとめ 175

第 14 章 RHEED 強度振動 177

14.1 薄膜成長と RHEED 強度振動 177

14.2 多くのステップを含む表面 178

14.3 RHEED 強度振動の運動学的解釈 180

14.4 Si(111)7×7 基板表面上の CaF$_2$ 薄膜成長 182

第 15 章 ナノクラスタの形態評価 185

15.1 Ge ナノクラスタの形成 185

15.2 RHEED 図形の計算シミュレーション 189

15.3 LEED 図形の斑点形状と計算シミュレーション 193

第 16 章 TiO$_2$(110) 基板上の Pt ナノクラスタの RHEED 図形 199

16.1 Pt ナノクラスタの形態 199

16.2 RHEED 図形の計算 201

第 17 章 まとめ 206

17.1 表面電子回折（LEED, MEED, RHEED）のまとめ 206

17.2 LEED と RHEED の特徴 209

17.3 表面電子回折から得られる情報 213

第 18 章 付録 215

18.1 ドイル・ターナーの係数 215

18.2 ラウエ関数 218

18.3 DAS 表面の原子座標 219

参考文献 222

索引 225

第1章

実験装置

　反射電子回折法は結晶表面の原子配列や形態を敏感に分析・評価できるため，**表面電子回折法**とも呼ばれ，装置は電子銃，試料ホルダー，そして蛍光スクリーンで構成される比較的簡便なものである．ここでは，まず電子銃内部の電子の発生源と，そこから放出される電子を収束させるためのレンズ機構について述べる．電子線はその加速電圧により，数百 V 以下の低速，それ以上で数 kV 以下の中速，それ以上の高速の3領域に分けられる．それら各エネルギー領域の電子線による反射電子回折法をそれぞれ**低速電子回折**（low-energy electron diffraction, LEED）法，**中速電子回折**（medium-energy electron diffraction, MEED）法，そして**反射高速電子回折**（reflection high-energy electron diffraction, RHEED）法と呼び，まとめて表面電子回折法と呼ぶ．低速電子の LEED では後方散乱が，高速電子の RHEED では前方散乱が支配的となるため，主たる散乱方向に応じて蛍光スクリーンの配置も変わる．これら3種類の表面電子回折装置の特徴と観察される回折図形（回折パターン）の具体例を紹介する．

1.1　電子銃

　電子回折法では回折図形が情報源である．より鮮明な回折図形を得るには**可干渉性（コヒーレンス）**や収束性がよく，安定した輝度の高い電子放出源，すなわち**電子源**が望まれる．電子源には図 1.1 に示すように，大きく分けて**熱電子放出**，**電界放出**，そして**ショットキー放出**の 3 種類がある．

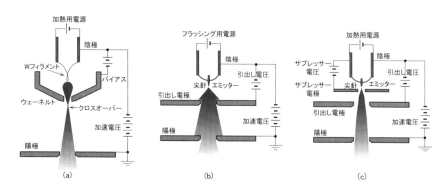

図 1.1　電子源の概念図

(a) 熱電子放出，(b) 電界放出，(c) ショットキー放出

　図 1.1(a) の熱電子放出ではタングステン（W）フィラメントを通電加熱することにより，フィラメント内の電子が熱エネルギーを得て仕事関数に相当するポテンシャル障壁を乗り越え，熱電子として真空に放出されることを利用する．一般に，陰極として直径 $0.1 \sim 0.15\,\mathrm{mm}$ のヘアピン形状した W フィラメントを通電により約 $2800\,\mathrm{K}$ に加熱するが，中には仕事関数の低いホウ化ランタン（$\mathrm{LaB_6}$）の単結晶を使ったものもある．熱電子は，陽極に印加された加速電圧によって所定の運動エネルギーを得る．その際，放出された熱電子の広がりは，ウェーネルト電極に印加された負のバイアス電圧により収束され，クロスオーバーが形成される．このクロスオーバーが実質的な光源の大きさとなり，それは数十 μm 程度である．他の 2 つの電子源に比べて光源サイズは大き

く，輝度は低いが，比較的大きなビーム電流で高い安定性を有する．したがって熱電子放出は長時間安定した電子線を照射する場合に有用である．

図 1.1(b) の電界放出では先端の曲率半径が 100 nm 程度以下の W 尖針に引出し電圧を印加することで，大きな電界を付与する．それにより，尖針先端の仕事関数の障壁は真空に向かって大きく下向きに傾斜するとともに障壁の厚みが狭くなり，トンネル効果により尖針内の電子は真空に染み出す．引出し電圧によって所定の電流量の電子を尖針先端から放出させ，陽極に印加された加速電圧によって放出電子は所定の運動エネルギーを得る．一般に，尖針はその端面が (3 1 0) 面の W 単結晶が用いられる．電界放出は室温で動作する冷陰極エミッターであるため，残留ガスの尖針表面への吸着が無視できない．また，尖針先端には強い電界が印加されるため，放出電子によりイオン化された残留ガス分子が尖針先端に衝突することもあり，放出電流の不安定化を引き起こす．そのため，動作環境は 10^{-8} Pa 程度以下の超高真空環境が必要であり，また，針先への残留ガス分子の吸着に対しては定期的なフラッシング加熱による清浄化が必要となる．仮想的な光源のサイズは 5 ～ 10 nm とかなり小さく，輝度は図 1.1(a) の熱電子放出に比べて 3 桁ほど高い．電界放出電子のエネルギー幅は約 0.3 eV であり，熱電子と比べて 1 桁程度小さい．したがって，電界放出は空間分解能及びエネルギー分解能が求められる用途に向いている．

図 1.1(c) のショットキー放出では上の 2 つの方法の長所を利用するもので，比較的低温加熱でも大きな放出電流が得られる．陰極のエミッターはその先端の曲率半径が 100 nm 程度の W 単結晶であり，先端は (0 0 1) 面である．酸化ジルコニウムでその先端を被覆することにより，先端の仕事関数は大きく減少する．先端には 1800 K 程度の通電加熱とともに，引出し電圧による強電界によりエミッターから電子が放出され，加速電圧によって放出電子は所定の運動エネルギーを得る．なお，負に印加されたサプレッサー電極により，(1 0 0) 面以外から放出する不要な熱電子を遮蔽する．仮想的光源のサイズは 15 ～ 20 nm と小さく，輝度は電界放射と同程度であるが，大きなビーム電流が得られる．エミッターが高温のため残留ガス分子の吸着がない．そのため，

表 1.1　電子源の種類と特徴

	熱電子放出	電界放出	ショットキー放出
光源サイズ	数十 μm	10 nm 以下	数十 nm
輝度 [A/(cm^{2}sr)]	10^5 程度	10^8 程度	10^8 程度
単色性（エネルギー幅）	数 eV	約 0.3 eV	1 eV 以下
電流変動率（1 時間あたり）	数 % 以下	10 % 以上	1 % 以下
陰極温度	2800 K	300 K	1800 K
真空環境	10^{-3} Pa 程度以下	10^{-8} Pa 程度以下	10^{-7} Pa 程度以下

10^{-7} Pa 程度の超高真空下で動作し，比較的長時間でも安定であるため多目的な用途に用いられる．

　これら 3 つの電子源の特徴を表 1.1 にまとめる．なお，表内の数値は数十 keV 程度の高速電子を想定した場合のものである．電子源の詳細については，例えば文献 [1] を参照されたい．

　ここでは，W フィラメントを使用した熱電子銃について概説する．図 1.2 の (a) と (b) にはそれぞれ低速用及び高速用の電子銃の概念図を示す．両者共に W フィラメントに 1 〜 2 A 程度の電流を流し，約 2800 K に加熱することで，熱電子を放出させる．初速ほぼ 0 m/s の熱電子は陽極に向けて加速され，そこに設けられた小さな穴から電子線が放出する．実際には陽極の方を接地するため，W フィラメントの方に負の加速電圧 $-V$ が印加される．W フィラメント先端には**ウェーネルト電極**があり，そこでは負の加速電圧に加えて更に負のバイアス電圧が重畳される．この反跳電場により，W フィラメントから放射状に放出する熱電子は前方の開口穴の方向に押し出され，より高い電子密度の電子線をウェーネルトの開口穴から放出する．なお，図 1.2(b) の高速用電子銃の外筒部のウェーネルト近傍には上・下，前・後に相対向する 2 組の "明るさ出しコイル" が配置され，ウェーネルトの小さな開口穴に熱電子の最大密度が来るように調整される．

　陽極の開口穴から抜け出た電子線を試料表面上で収束されたビームにするため，低速電子に対しては図 1.2(a) に示すような収束用の**静電レンズ**が用いられ

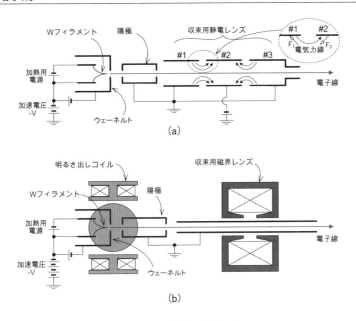

図 1.2　電子銃の概念図

(a) 低速用，(b) 高速用

る．3つの円筒電極から構成された**アインツェルレンズ**と呼ばれるもので，両端の電極#1，#3 は接地され，中央の電極#2 には調整可能な負電圧が印加される．入射側の円筒電極#1 から中央の円筒電極#2 の境界付近では矢印で示すように円筒内に湾曲した電気力線が軸対称に発生する．その拡大図として右上の楕円内に示すように，電子には電気力線と反対向きにクーロン力 F_1，F_2 が働く．湾曲した電気力線の左側（電極#1 側）では円筒の中心軸から遠ざかる方向に力 F_1 が働き，それを中心軸に平行および垂直な方向成分に分解すれば電子を減速させる方向の力と中心軸から発散させる方向の力となる．一方，湾曲した電気力線の右側（電極#2 側）では円筒電極面から中心軸に向く力 F_2 が働き，それを各方向成分に分解すれば，電子を減速させる方向の力と中心軸方向に収束させる力となる．これら F_1 と F_2 の減速力のため，湾曲した電気力線の左側より右側の方が低速となり，収束力の働く時間は発散力の働く時間

より長くなる．そのため，結果として収束効果の方が優位となる．このような現象は中央の円筒電極#2 から出射側の円筒電極#3 の境界付近にも円筒内に湾曲した逆向きの電気力線が発生し，同様なクーロン力により収束作用が働くため，全体として収束用レンズとして作用する．

　高速電子に対しては図 1.2(b) に示すように収束用の**磁界レンズ**（電磁レンズ）が用いられる．これによる収束作用の原理は後で述べる．

　低速電子に対しては電界によるクーロン力が，高速電子に対しては磁界によるローレンツ力が効果的に収束作用を生む．LEED で用いる低速電子銃は後で述べるように球面型蛍光スクリーンの中央に設置するため，観察を妨げないように電子銃の断面サイズを極力小さくする必要があり，その意味でも静電レンズは有効である．一方，高速電子に対して静電レンズを用いる場合は，中央の円筒電極#2 にかなりの高電圧を印加する必要があるため放電対策が問題になる．磁界レンズでは高速電子になるほどローレンツ力はより強く働くため，収束作用はより効果的となる．

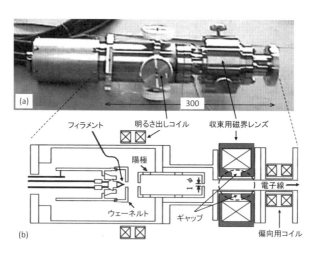

図 1.3　高速電子用の電子銃

(a) 実物写真（偏向用コイルは取り外されている），(b) 断面図

　参考までに，自作の高速電子用の電子銃を図 1.3 に示す．ヘアピン状に曲げた太さ $\phi 0.15$ の W フィラメントに 1.5 A 近くまで電流を流せば十分明るい RHEED の回折図形を観察できる．収束用磁界レンズは軟磁性鉄材で作られた円筒形のケース（黒く塗りつぶした部分）にコイルが巻かれており，そのケースの内側の一部に間隙（ギャップ）が設けられている．そのギャップ部分は，真鍮などの非磁性材料で作られているため，コイルで発生する磁力線はギャップ領域で中心軸側に漏れ出て強く歪んだ磁界を形成する．ウェーネルトに印加するバイアス電圧を調整するとともにこの収束用磁界レンズのコイルに流す電流を調整すれば，電子線を直径数百 μm 以下に収束できる．

　ここで，収束用磁界レンズの動作原理について解説する．図 1.4 は図 1.3 の収束用磁界レンズ内部の破線で囲ったギャップ領域を拡大し，それを時計方向に 90° 回転させて描いた概念図である．電子は少し誇張した開き角で示しているが，上から下（z 軸の正の方向）に向かって進んでいる．ギャップ領域では磁力線が円筒の中心軸（z 軸）に向かって湾曲している．その中を速度 v の電子が通過するとき，電子は灰色の破線で示すような螺旋状の軌跡を描く．その代表的な通過点 A から E におい

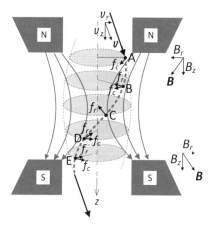

図 1.4　収束用磁界レンズの原理
歪んだ磁界内を通過する電子が受けるローレンツ力とその軌跡

て，電子に働く力 $\boldsymbol{f}_c$（円周の接線方向の力）と $\boldsymbol{f}_r$（中心軸に向かう動径方向の力）を以下に説明する．なお，z 軸に垂直な 5 つの円（薄い影で示す）は，中心軸を中心とし各通過点を半径とする説明のための補助円である．

　まず，速度 v の電子がギャップ領域に突入した時の位置である点 A を考える．電子の速度 v の z 軸方向成分を v_z，動径方向（水平方向）成分を v_r（円

の中心から遠ざかる方向）とする．点 A での磁束密度 B の向きは円の中心方向に傾いており，z 軸方向成分を B_z，動径方向（水平方向）成分を B_r とする．電子の速度ベクトル v と磁束密度ベクトル B の張る面に垂直方向にローレンツ力 f_c が図に示すように円周の接線方向に働き，電子に回転力を与えて螺旋運動が始まる．すなわち，v_z と B_r によるローレンツ力と，v_r と B_z によるローレンツ力は，共に円周の接線方向に同じ向きに働き，その両者を合成した力 f_c が回転方向（円の接線方向）に速度成分 v_c を生む．

　電子が点 A から点 B に到達したとき，電子に常に働く回転力のため，点 B での円の接線方向の速度成分（回転速度）v_c は加速し，この速度ベクトルと B_z により，円の中心に向かうローレンツ力 f_r が発生する．この向心力は発散する電子線を収束させる力となり，電子の開き角は減少する．

　ギャップの中間点 C に電子が到達すると，そこでは磁束密度の動径方向成分 B_r は 0 となり，B_z 成分のみとなる．また，電子の開き角は小さくなっており，v_r 成分は 0 に近づき，ほぼ v_z 成分のみとなる．そのため，円の接線方向のローレンツ力（回転力）f_c は消失する．しかしながら，これまでの持続的回転力による加速により回転速度 v_c は最大となり，その v_c と B_z によるローレンツ力のため向心力 f_r は最大となる．

　電子が点 D に到達すると，そこでは磁束密度の動径方向（水平方向）成分 B_r は逆転して円の外側に向く．また，そこでの電子の速度 v の動径方向成分 v_r は円の中心方向に向く．このような反転状況により，v_z と B_r によるローレンツ力と，v_r と B_z によるローレンツ力は，共に逆転するため回転力 f_c は逆向きとなる．したがって，螺旋運動の回転速度 v_c は減速し，その結果，向心力 f_r は弱くなるものの収束作用は依然と続く．

　ギャップ出口付近の点 E に到達すると，逆向きの回転力のため更に減速して回転速度は 0 に近づき，それにより向心力もほぼ消失する．しかしながら，電子は既に中心軸の方向を向いているため，螺旋運動のない収束軌道となる．

　このように電磁レンズのギャップ内では螺旋運動を伴いながら収束軌道を取ることが理解される．実際にはギャップの形状により漏れ磁束の分布は変化

し，それにより軌道も変化する．電磁レンズに流す電流を大きくすれば，発生
する磁束密度も大きくなるため焦点距離の短いレンズになる．

1.2 表面電子回折装置

　電子の波動性を利用した回折現象を**電子回折**と呼ぶ．電子は X 線と比べれ
ば原子との相互作用が大きく，散乱強度で比較すれば 10^6 程度と桁違いに大き
い．そのため，結晶表面からの侵入距離は極めて浅い．すなわち，電子回折は
X 線回折と比べて表面の原子構造に極めて敏感である．電子回折の中には数
十 keV 以上の高速電子を結晶薄膜に垂直に透過させてその薄膜内部からの回
折図形（回折パターン）を観察する透過電子回折があるが，本書では数十 keV
から数十 eV 程度の入射電子を結晶表面にすれすれの角度から垂直までの角度
範囲で照射し，反射回折図形を観察する手法について解説する．この反射電子
回折法は以下に述べるように結晶表面の原子構造に敏感であるため，表面電子
回折法 [2] とも言う．表面電子回折法として，数百 eV 以下の低速電子線を用
いる低速電子回折 (**LEED**) [3] と数 keV 以上の高速電子線を用いる反射高速
電子回折 (**RHEED**) [4] が主として挙げられる．それらの中間のエネルギー
の中速電子線を用いる中速電子回折 (**MEED**) [5] もあるが，報告例は極めて
少ない．これらの手法は入射電子のエネルギーで分別できるが，エネルギー境
界が明確に定まっているものではない．また，用いる入射電子のエネルギーが
異なれば，電子の侵入距離や主たる散乱方向も異なるため上記 3 つの実験装置
の配置も異なる．

　図 1.5 に LEED，MEED，RHEED の実験装置の概念図と観察例を示し，そ
れらの主な特徴について紹介する．

　図 1.5(a) は LEED 装置の概念図と清浄な Si(1 1 1)7×7 表面及び二重分域の
Si(0 0 1)2×1 表面からの回折図形を示す．このような表面超構造の表記につい
ては第 6 章で解説する．球面型蛍光スクリーンの中央部に電子銃が装着され
ており，試料はその球の中心点に設置される．電子銃から出射する電子線は試

料表面に垂直に照射されるが，低速電子は後方散乱能が高いため表面内部にせいぜい 1 nm 程度侵入し，大部分は後方に散乱する．一般に球面型スクリーンは開き角が 100° 程度であるため，試料表面から約 0.7π sr の立体角内に後方散乱する電子群を蛍光スクリーンで観察する．このような反射回折図形（或は反射回折パターン）を **LEED** 図形（或は **LEED** パターン）と呼ぶ．LEED の場合，入射電子のエネルギーは数十〜数百 eV の低速であるため，弾性散乱して反射する回折電子も低速である．このような低速電子では蛍光スクリーンを十分に発光できないため，スクリーンには $V_S = 3 \sim 5$ kV 程度の後段加速電圧を印加して観察する．その際，非弾性散乱電子群も勢いよく蛍光スクリーンに衝突してバックグランド強度を高め，回折図形のコントラストを低下させる．これを防ぐため，球面スクリーンのすぐ内側には阻止電場印加用グリッドが装着されている．図 1.5(a) の 4 枚グリッドの内側 2 枚のグリッドには非弾性散乱電子を反跳させるための阻止電圧 V_R（負の可変電圧）が印加され，外側 2 枚のグリッドには阻止電場をシールドするために接地されている．LEED は垂直入射のため，表面原子配列の周期性や対称性はそのまま LEED 図形に反映される．実験 LEED 図形に見られるように，Si(111)7×7 表面の 3 回対称性（たまたま入射電子エネルギーにより，図では 6 回対称性が観察されている）や二重分域の Si(001)2×1 表面の 4 回対称性（表面の原子ステップを介して 2 回対称の 2×1 構造と 90° 回転した 2 回対称の 1×2 構造の両分域が共存することにより 4 回対称性の表面として観察される）が確認される．これらは，電子銃側（背面側）からスクリーンを観察した背面 LEED 図形であり，電子銃の断面形状が黒い影として回折図形の中央部を隠すものの，試料ホルダーのサイズには制約を受けない．もし，試料側（正面側）からスクリーンを観察すれば，試料ホルダーがパターンの一部を隠す．市販の LEED 装置は背面観察が主流であり，細い電子銃（断面の直径が 10 mm 程度）が装備されている．

　図 1.5(b) に示すように，MEED 装置では LEED 装置と同様な光学系（球面型蛍光スクリーン）が利用できる．バックグランド強度を低減させるための阻止電圧 V_R の印加や後段加速電圧 V_S の印加により，回折図形のコントラス

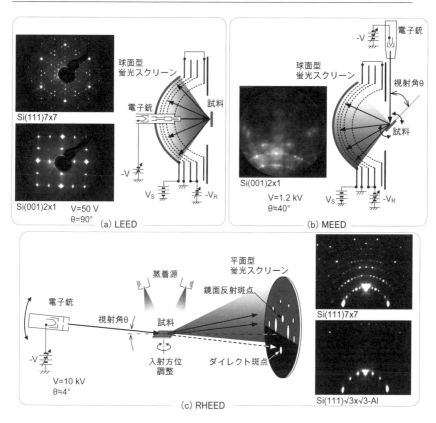

図 1.5 表面電子回折実験装置

(a)LEED 装置の概念図と LEED 図形の観察例，(b)MEED 装置の概念図と MEED 図形の観察例，(c)RHEED 装置の概念図と RHEED 図形の観察例

トや明るさの増強が図られる．数 keV の中速電子の表面内部への侵入距離は低速電子より深くなるとともに，後方散乱能も低下する．そこで，入射電子は表面垂直から傾けて観察することにより表面感度を上げる．このような中速電子により得られる反射回折図形を **MEED 図形**（或は **MEED パターン**）と呼ぶ．MEED 図形は入射エネルギーや視射角にも依存するが，一般に回折斑点よりも寧ろ結晶内部から出射する菊池図形が支配的となり，表面構造を反

映する回折斑点は主に低出射角方向に観察される．観察例として二重分域の Si(001)2×1 表面から得られた MEED 図形が示されており，スクリーン下方（低出射角側）に回折斑点が現れるものの，全体的には菊池バンド等の菊池図形で覆われている．

最後に，図 1.5(c) に RHEED 装置の概念図と清浄な Si(111)7×7 表面及びそこに Al を 1/3 原子層ほど蒸着し，約 500 ℃程度のアニールを行うと出現する Si(111)$\sqrt{3}\times\sqrt{3}$–Al 表面からの RHEED 図形を示す．RHEED では一般に 10 keV 程度以上の高速電子を試料表面に対して 0 〜 7° 程度の表面すれすれの視射角で照射し，表面で前方散乱する電子線群を平面型蛍光スクリーンに映して回折図形を観察する．これを **RHEED 図形**（或は **RHEED パターン**）と呼び，高速電子故にスクリーンには後段加速電圧 V_S を印加する必要はなく，十分な明るさで観察できる．また，大きくエネルギーを失った非弾性散乱電子や低エネルギーの二次電子はスクリーンをほとんど発光できないため，阻止電圧 V_R も必要ない．プラズモン損失のような比較的小さなエネルギー（数十 eV 程度）を損失した非弾性散乱電子を除去して，弾性散乱電子のみによる回折図形を観察したい場合や反射回折電子のエネルギー損失スペクトルを測定したい場合には，LEED と同様なグリッドをスクリーン手前に装備してハイパスフィルターとして活用する方法がある．これを**エネルギーフィルタ型 RHEED** と呼び，バックグランド強度の低減や回折電子の非弾性散乱成分に関する知見を得る場合に用いられる（図 12.4 参照）．図 1.5(c) に挿入されている 2 枚の RHEED 図形の写真はエネルギーフィルタ型 RHEED 装置を用いて撮影されたものでコントラストの高い回折図形が得られることが特徴である．

RHEED で用いる高速電子は当然ながら侵入深さも深いが，表面に対してすれすれに入射させることで侵入深さを抑えることができ，1 nm 程度の表面敏感な検出深さとすることができる．しかしながら MEED の場合もそうであるように，斜め入射で得られる回折図形は，表面垂直入射の LEED 図形と異なり，表面原子配列の対称性は歪んでスクリーンに映るため，表面原子の配列周期や対称性を理解することが困難となる．本書では，第 4，5 章で表面原子配

列と回折斑点の幾何学との関係について説明する．また，ここで述べた表面構造については第 6 章で解説する．RHEED では，試料表面上部の空間が広く取れるため，蒸着源や分析装置などの配置が可能である．実際には，図 1.5(c) の装置の配置を上下逆にし，下向きの試料表面に対して下方からの蒸着による薄膜形成過程を下方からの電子線照射により，その場観察する方法が広く採用されている．第 14 章で述べるが，RHEED は表面構造観察のみならず，薄膜形成のモニタリングや膜厚制御に極めて有効な手法である．

第 2 章

電子波の性質

　本章ではまず，電子に付随する物質波，すなわち電子波について，その波長
をド・ブロイの関係式から求める．電子が結晶内部に侵入する際に現れる屈折
効果は，結晶内の平均内部電位によることを示し，反射率や透過率そして吸収
を表す式を導く．なお，ここでは結晶を一様な媒質（ジェリウムモデル）とし
て扱うことにする.

2.1　電子の波動性

　1897 年トムソン (J. J. Thomson) によって発見された電子は当初，粒子と
見なされていたが，波の性質（波動性）を示すことが 1927 年ダビソン (C. J.
Davison) とガーマ (L. H. Germer) のニッケル表面を用いた反射電子回折実
験と同年のトムソン（G. P. Thomson[*1]）による金箔を用いた透過電子回折実
験により実証された．運動する物体は波を伴うことが 1924 年ド・ブロイ (L.
de Broglie) により提唱され，これを物質波と呼ぶが，これまで粒子と考えら
れていた電子にも波が伴うことが上記の実験から明らかとなった．特に，電子
に伴う物質波を電子波と呼ぶ．電子回折法は，この電子波を利用し，主として
結晶試料の原子配列（原子構造）に関する知見を得る手法である.

[*1] J. J. Thomson の息子

電子の波長 λ は，ド・ブロイの関係式 $\lambda = h/p$ から，運動量 p が与えられればプランク定数 $h \fallingdotseq 6.626 \times 10^{-34}$ Js を用いて求められる．静止質量 $m_0 \fallingdotseq 9.109 \times 10^{-31}$ kg で負の素電荷 $-e \fallingdotseq -1.602 \times 10^{-19}$ C を有する電子が電圧 V で加速されて速度 v になったとき，電子に与えられた電気的エネルギーが全て電子の運動エネルギーに変換されると考えれば，$eV = \frac{1}{2}m_0 v^2$ の関係が成り立つ．従って，運動量は $p = m_0 v = \sqrt{2m_0 eV}$ となるので，ド・ブロイの関係式から電子の波長は，

$$\lambda = \frac{h}{p} = \sqrt{\frac{h^2}{2m_0 eV}} \fallingdotseq \sqrt{\frac{150.4}{V}} \quad [\text{Å}] \tag{2.1}$$

となる．例えば $V = 150$ V で加速された電子の波長は $\lambda \fallingdotseq 1.0$ Å であり，$V = 15$ kV で加速された電子の波長は $\lambda \fallingdotseq 0.1$ Å である．これらの波長は原子間隔と比べて同程度あるいは十分短いため，原子スケールの分解能を持つことになる．このように電子波の波長は，特性X線のようにターゲット材料に固有な値ではなく，加速電圧の平方根に反比例する形で制御可能である．

特に，高電圧で加速された電子の場合，その速度 v は光速 c に近づくため，電子の波長は特殊相対論による補正が必要となる．そこで相対論補正を施した場合の電子の厳密な波長 λ_{rel} を参考までに以下に導く．電子の速度 v が光速 c に近づくと，その質量 m は，相対論効果により次式のように静止質量 m_0 に対して大きくなる．

$$m = \frac{m_0}{\sqrt{1-\beta^2}}, \quad (\text{ただし}, \beta \equiv \frac{v}{c}) \tag{2.2}$$

ド・ブロイの関係式と式 (2.2) から波長 λ_{rel} は

$$\lambda_{rel} = \frac{h}{p} = \frac{h}{mv} = \frac{h}{m_0 c} \cdot \frac{\sqrt{1-\beta^2}}{\beta} \tag{2.3}$$

となる．ここで，相対性理論によれば次式のように電子に与えられた電気的エネルギー eV は質量の変化をもたらし，式 (2.2) を用いれば，

$$eV = mc^2 - m_0 c^2 = m_0 c^2 \left(\frac{1}{\sqrt{1-\beta^2}} - 1 \right) \tag{2.4}$$

が得られる．式 (2.4) から $\sqrt{1-\beta^2}$ と β を求め，両者の比をとれば

$$\frac{\sqrt{1-\beta^2}}{\beta} = \frac{m_0 c}{\sqrt{2m_0 eV}\sqrt{1+\frac{eV}{2m_0 c^2}}} \tag{2.5}$$

の関係が得られる．これを式 (2.3) に代入して整理すれば，

$$\lambda_{rel} = \frac{h}{\sqrt{2m_0 eV}} \cdot \frac{1}{\sqrt{1+\frac{eV}{2m_0 c^2}}}$$

$$\simeq \sqrt{\frac{150.4}{V}} \cdot \frac{1}{\sqrt{1+\frac{V}{1.022\times10^6}}} \ [\mathrm{\AA}] \tag{2.6}$$

となる．

　加速電圧 V に対する電子の波長の関係を図 2.1 のグラフに示す．式 (2.1) で計算された相対論補正なしの波長 λ のグラフは○印で，相対論補正された式 (2.6) を用いた厳密な波長 λ_{rel} のグラフを▲印で示し，左側の縦軸に波長の値を示す．また，両者の比 λ_{rel}/λ のグラフを□印で示し，その値を右側の縦軸に示す．加速電圧

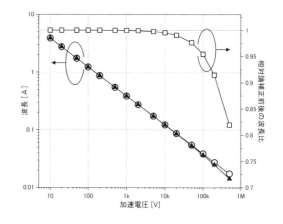

図 2.1　加速電圧に対する電子の波長

▲印は相対論補正あり，○印は相対論補正なしの波長の値を示す．両者の比 λ_{rel}/λ は□印で示し，その値は右側の縦軸に表す．

V の増大とともに波長は共に短くなるが，$V =$ 数 10 kV 程度までは相対論補正の影響はほとんどない．しかしながら，$V = 100$ kV 程度以上になると相対論補正後の波長は補正をしない場合と比べて 5% 程度以上短くなり，相対論補正が必要になることがわかる．本書で扱う加速電圧 V の値は，反射高速

電子回折（RHEED）の場合でも数十 kV 程度であり，ましてや低速電子回折（LEED）では 100 V 程度なので，相対論補正の必要はないことがわかる．本書で扱う高速電子は $\beta \ll 1$ であるため，その質量 m は式 (2.2) から静止質量 m_0 と見なしてもよい．

2.2 電子波の波数ベクトル

電子波を扱う際に**波数ベクトル**を用いて電子波の進行方向や波長を表す．一般に，波数ベクトルは $\boldsymbol{K}$（場合によっては $\boldsymbol{k}$）を用いて表す．本書では真空中と結晶内の波数ベクトルを識別する必要がある場合，前者を $\boldsymbol{K}$，後者を $\boldsymbol{k}$ で表す．波数ベクトルの向きは電子の進行方向に合わせ，波数ベクトルの大きさは波長 λ の逆数，すなわち $K = 1/\lambda$ で定義し，その単位は長さの逆数である．物性分野では $K = 2\pi/\lambda$ のように 2π を付けて定義することが多いが，回折の幾何学を議論するには前者の $K = 1/\lambda$ のように空間周波数として定義し

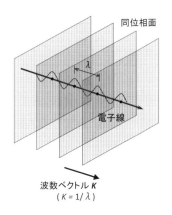

図 2.2 電子波と平面波

た方が簡便であり，本書はそれに従った．式 (2.1) より、高速電子になるほど波長は短くなり，波数ベクトルは大きくなる．

電子の運動量ベクトル $\boldsymbol{p}$ はド・ブロイの関係から波数ベクトル $\boldsymbol{K}$ を用いて

$$\boldsymbol{p} = h\boldsymbol{K} \tag{2.7}$$

と表すことができる（$K = 2\pi/\lambda$ と定義すれば $\boldsymbol{p} = \hbar\boldsymbol{K}$ となる．ただし，$\hbar$ はディラック定数であり，$\hbar = h/2\pi$ である）．電子の質量を m とすれば，電子の速度 $\boldsymbol{v}$ は $\boldsymbol{v} = h\boldsymbol{K}/m$ と表すこともでき，速度は波数ベクトルの大きさに比

例する．また，電子の運動エネルギー E は

$$E = \frac{1}{2}mv^2 = \frac{(mv)^2}{2m} = \frac{p^2}{2m} = \frac{h^2 K^2}{2m} \tag{2.8}$$

であり，波数ベクトルの大きさの二乗に比例する．

　また，本書では図 2.2 に示すように電子波を平面波として扱う．平面波は，図に示すように波の同位相面が平面群を成し，その平面群は電子の進行方向に対して垂直に並ぶ．

2.3　結晶ポテンシャル

　電子波が真空中から結晶内に入ると，結晶を構成する多数の原子から成る静電ポテンシャル場の中で波長の変化が生じる．結晶内のポテンシャルは各原子のポテンシャルの合成によって形成され，図 2.3 の破線で示すように，周期的に原子の中心位置で深くなり，原子間では浅くなる．ここではそれらを平均化した平均内部ポテンシャル（平均内部電位）V_0 として扱う．すなわち，

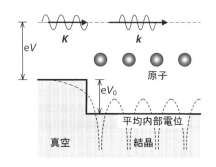

図 2.3　結晶の平均内部ポテンシャルと波数ベクトル

本章では結晶を一定の平均内部ポテンシャルを有する一様体（これをジェリウムモデルという）とみなして議論する．

　今，電圧 V で加速された真空中の電子のエネルギーを eV とすれば，結晶内に入射した電子のエネルギーは平均内部ポテンシャルエネルギー eV_0 が加わるため，$e(V + V_0)$ となり，速度はその分真空中より少し速くなる．したがって，結晶内の電子の波長は，そのエネルギーの増加により真空中より少し短くなる．

　真空中の電子波の波数ベクトルを $\boldsymbol{K}$ とし，結晶内のそれを $\boldsymbol{k}$ とすれば，波数ベクトルの大きさは波長の逆数で定義されるため，$K < k$ の関係がある．

一般に平均内部ポテンシャル V_0 の値は数十 V 程度であり，K に対する k の変化率は低速電子の方が高速電子よりも大きい．

2.4　電子波の屈折と分散面

　電子波が真空から無限に広い結晶表面に入射角 χ_1 で入射する場合を考える．真空中および結晶内におけるそれぞれの電子波の波長を λ_1 および λ_2 とすれば，$\lambda_1 > \lambda_2$ の関係があるため，$K(= 1/\lambda_1) < k(= 1/\lambda_2)$ である．入射波の波面は結晶表面で連続的につながる必要があるため，図 2.4(a) に示すように電子波は表面で内側に向かって屈折角 χ_2 で屈折する．それを説明するため，表面近傍を拡大して図 2.4(b) に示す．

　波の連続性から，真空側と結晶側の波面の表面平行方向の間隔 l は互いに等しいため，図 2.4(b) より

$$l = \frac{\lambda_1}{\sin \chi_1} = \frac{\lambda_2}{\sin \chi_2} \qquad (2.9)$$

であり，この逆数をとって波数ベクトルで表現すれば，

$$K \sin \chi_1 = k \sin \chi_2 \qquad (2.10)$$

の関係がある．すなわち，両媒質内の波数ベクトルの表面平行成分をそれぞれ $\boldsymbol{K}_t$ と $\boldsymbol{k}_t$ とおけば，

$$\boldsymbol{K}_t = \boldsymbol{k}_t \qquad (2.11)$$

のように等しくなる．この関係を表面に対する**接線成分の連続性**（tangential continuity）と呼び，表面での波の屈折を理解する上で大変重要な関係式である．また，当然ながら鏡面反射波の波数

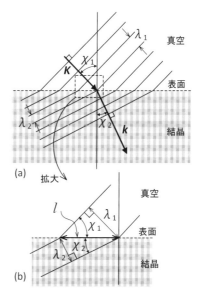

図 2.4　表面での電子波の屈折

(a) 表面近傍の波面と波数ベクトル，
(b) 表面近傍の波面の拡大図

ベクトル $\boldsymbol{K}'$ の表面平行成分 (表面接線成分)$\boldsymbol{K}'_t$ は入射波の波数ベクトル $\boldsymbol{K}$ の表面平行成分 (表面接線成分)$\boldsymbol{K}_t$ と等しいので

$$\boldsymbol{K}_t = \boldsymbol{K}'_t \tag{2.12}$$

である.

　真空中の入射電子と鏡面反射電子,そして結晶内に屈折して侵入する入射電子のそれぞれの波数ベクトルを $\boldsymbol{K}$,$\boldsymbol{K}'$ そして $\boldsymbol{k}$ とすれば,それらの関係は図 2.5 に示される.そこには真空中と結晶内のそれぞれの波数ベクトルの大きさを半径とする真空中と結晶内の分散面（等エネルギー面）とともに,$\boldsymbol{K}$,$\boldsymbol{K}'$ そして $\boldsymbol{k}$ の表面平行成分と表面垂直成分の関係が示されている.結晶内に侵入する電子波の波長は短くなるため,逆に波数ベクトルは大きくなる.

真空中と結晶内の波数ベクトルの表面平行成分は互いに等しく,表面垂直成分は異なる.真空中と結晶内の波数ベクトルの表面垂直成分の大きさをそれぞれ Γ と γ とすれば,$\Gamma < \gamma$ の関係が成り立つ.**スネルの法則**により屈折率 n は式 (2.9) の関係を用いて

$$n = \frac{\lambda_1}{\lambda_2} = \frac{\sin\chi_1}{\sin\chi_2} \tag{2.13}$$

のように表される.

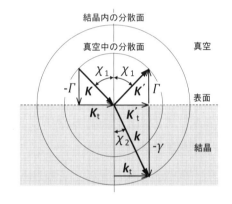

図 2.5　入射,屈折,反射の各波数ベクトルの関係

2.5　電子波の入射と反射

　図 2.6 は,入射電子波が結晶内に侵入する様子と結晶内で回折した反射電子波が表面から脱出する様子を示す.図 2.6(a) は視射角 θ で入射する波数ベクトル $\boldsymbol{K}$ の電子が表面で屈折して結晶内に視射角 θ_{in} で侵入する様子を描いており,結晶内の波数ベクトルは小文字の $\boldsymbol{k}$ で示す.結晶内の電子の波数ベク

トルの大きさ k は平均内部ポテンシャルが加わるため真空中の K より少し大きい．また，結晶内で反射回折して真空中に向かう電子の波数ベクトルはダッシュを付けて表示する．図 2.6(b) は真空中と結晶内の入射と反射の波数ベクトルの始点を原点に合わせて描いた．真空中と結晶内の波数ベクトルの終点はそれぞれ内側および外側の分散面上に乗る．式 (2.11) から真空中と結晶内の波数ベクトルの表面平行成分 K_t と k_t は互いに等しいので，真空中の入射電子の波数ベクトル K が与えられれば，図より結晶内に侵入する電子の波数ベクトル k も決まる．すなわち，K の終点を通り表面に垂直な直線（破線）が結晶内の分散面と交わる点に向けて結晶内の波数ベクトル k が決まる．反射波についても同様に，結晶内で発生する反射波の波数ベクトル k' が生まれれば，表面から出射する反射波 K' はそれぞれの表面平行成分 k_t' と K_t' が等しくなければならない．また，真空中と結晶内の波数ベクトルのそれぞれの表面垂直成分 Γ と γ の間には $\Gamma < \gamma$ の関係が存在し，同様に Γ' と γ' との間には $\Gamma' < \gamma'$ の関係が存在する．

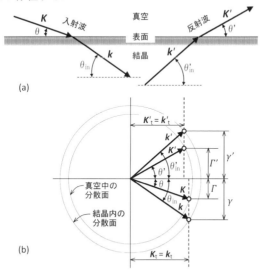

図 2.6 反射電子回折における真空中と結晶内の波数ベクトルの関係
(a) 屈折を経た入射波と反射波，(b) それらの分散面表示

　電圧 V で加速されてエネルギー eV を有する真空中の電子が結晶内に侵入すると，結晶の平均内部電位 V_0 により eV_0 だけエネルギーを増す．真空中および結晶内の電子のエネルギー eV および $e(V + V_0)$ をそれぞれの波数ベクトルの大きさ K および k を用いて表せば，

$$\begin{cases} \frac{h^2 K^2}{2m} = eV \\ \frac{h^2 k^2}{2m} = e(V + V_0) \end{cases} \tag{2.14}$$

となる．変形すれば以下のようになる．

$$\begin{cases} K = \sqrt{\frac{2meV}{h^2}} = \sqrt{\frac{V}{150.4}} \ \ [1/\text{Å}] \\ k = \sqrt{\frac{2me(V+V_0)}{h^2}} = \sqrt{\frac{V+V_0}{150.4}} \ \ [1/\text{Å}] \end{cases} \tag{2.15}$$

ここで，

$$U_0 \equiv \frac{2meV_0}{h^2} = \frac{V_0}{150.4} \ \ [1/\text{Å}^2] \tag{2.16}$$

とおけば，式 (2.15) から

$$k^2 = K^2 + U_0 \tag{2.17}$$

のように真空中と結晶内の両波数ベクトルの大きさの関係を表す式が得られる．式 (2.17) の波数ベクトルを表面平行成分と垂直成分に分解して表記しれば

$$k_t^2 + \gamma^2 = K_t^2 + \Gamma^2 + U_0$$
$$\therefore \gamma = \sqrt{\Gamma^2 + U_0} \ \ (\because k_t^2 = K_t^2) \tag{2.18}$$

となり，入射電子の波数ベクトル $\boldsymbol{K}$ の表面垂直成分 Γ と結晶の平均内部電位がわかれば結晶内に侵入する電子の波数ベクトル $\boldsymbol{k}$ の表面垂直成分 γ が得られる．真空中の反射電子の波数ベクトル $\boldsymbol{K}'$ の表面垂直成分 Γ' についても，結晶内で発生する反射電子の波数ベクトル $\boldsymbol{k}'$ の表面垂直成分 γ' に対して

$$\Gamma' = \sqrt{\gamma'^2 - U_0} \tag{2.19}$$

の関係が成り立つ．

また，真空から結晶に入射するときの電子の屈折率 n は式 (2.13) 及び式 (2.15) から

$$n = \frac{\lambda_1(\text{真空中})}{\lambda_2(\text{結晶内})} = \frac{k}{K}$$
$$= \sqrt{\frac{V + V_0}{V}} \qquad (2.20)$$

である．結晶の平均内部電位は数十 V 程度であるため，低速電子と高速電子では屈折率の値がかなり異なる．例えば，平均内部電位 $V_0 = 10\,\mathrm{V}$ としたとき，加速電圧 $V = 100\,\mathrm{V}$ の低速電子の屈折率は

$$n = \sqrt{\frac{100 + 10}{100}} \fallingdotseq 1.05$$

となるが，加速電圧 $V = 10\,\mathrm{kV}$ の高速電子の屈折率は

$$n = \sqrt{\frac{10000 + 10}{10000}} \fallingdotseq 1.0005$$

となる．このように高速電子を用いる RHEED では屈折率は 1 に極めて近いため，屈折効果は無視してよいと思われるが，RHEED の入射電子の視射角は数度という極めて低い角度であるため無視できない．すなわち，RHEED のように入射電子の視射角がかなり小さくなると，Γ もかなり小さくなり 0 に近づくが，γ の値は結晶内の平均内部ポテンシャルにより $\sqrt{U_0}$ より小さくなり得ない．極端な場合，入射視射角が 0° でも，結晶内の波数ベクトル $\boldsymbol{k}$ の表面垂直成分は $\gamma = \sqrt{U_0}$ と有限の値を有す．したがって，低視射角になればなるほど屈折効果は無視できないことがわかる．

LEED の場合，入射電子は表面垂直入射（$\boldsymbol{K}_t = \boldsymbol{k}_t = 0$）のため，運動エネルギーは結晶内で少し大きくなるが屈折効果は生じない．しかしながら，反射電子が結晶内から真空中に斜め方向に出射する際には式 (2.19) の関係に従って，屈折効果が生じる．

2.6　電子の波動関数

　真空中の波数ベクトル $\boldsymbol{K}$ の電子波を平面波とすれば，真空中の入射電子の波動関数 $\Psi(\boldsymbol{r})$ は Ψ_0 を振幅として

$$\Psi(\boldsymbol{r}) = \Psi_0 e^{2\pi i \boldsymbol{K} \cdot \boldsymbol{r}} \tag{2.21}$$

で表される．表面を無限平面とみなし，入射電子波が視射角 θ で結晶表面に入射すると，図 2.7 に示すように表面で屈折して結晶内に侵入する電子波と表面で鏡面反射する振幅 R の電子波が生まれる．

したがって，真空側の波動関数は波数ベクトル $\boldsymbol{K}$ の入射電子波と波数ベクトル $\boldsymbol{K}'$ の反射電子波が重なり，

$$\Psi(\boldsymbol{r}) = \Psi_0 e^{2\pi i \boldsymbol{K} \cdot \boldsymbol{r}} + R e^{2\pi i \boldsymbol{K}' \cdot \boldsymbol{r}}$$
$$= (\Psi_0 e^{-2\pi i \Gamma z} + R e^{2\pi i \Gamma z}) e^{2\pi i \boldsymbol{K}_t \cdot \boldsymbol{r}_t} \tag{2.22}$$

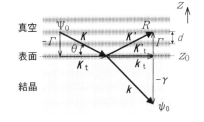

図 2.7　無限平面での反射と屈折

となる．ここで，入射と反射の波数ベクトルはそれぞれ $\boldsymbol{K} = (\boldsymbol{K}_t, -\Gamma)$ と $\boldsymbol{K}' = (\boldsymbol{K}'_t, \Gamma) = (\boldsymbol{K}_t, \Gamma)$，そして位置ベクトルは $\boldsymbol{r} = (\boldsymbol{r}_t, z)$ のように表面平行成分と垂直成分に分解して記述した．

　真空側の電子密度分布は波動関数の絶対値の二乗で求められるので，

$$|\Psi(\boldsymbol{r})|^2 = \Psi(\boldsymbol{r})\Psi^*(\boldsymbol{r})$$
$$= (\Psi_0 e^{-2\pi i \Gamma z} + R e^{2\pi i \Gamma z}) e^{2\pi i \boldsymbol{K}_t \cdot \boldsymbol{r}_t} (\Psi_0 e^{2\pi i \Gamma z} + R e^{-2\pi i \Gamma z}) e^{-2\pi i \boldsymbol{K}_t \cdot \boldsymbol{r}_t}$$
$$= \Psi_0^2 + R^2 + \Psi_0 R (e^{4\pi i \Gamma z} + e^{-4\pi i \Gamma z})$$
$$= \Psi_0^2 + R^2 + 2\Psi_0 R \cos(4\pi \Gamma z) \tag{2.23}$$

となり，図 2.7 に示すように真空中では z 方向に向かって余弦関数で表される定在波状の電子密度分布が形成される．この定在波の周期間隔 d は，

$$d = \frac{1}{2\Gamma} = \frac{1}{2K \sin\theta} \tag{2.24}$$

となる.

一方, 結晶内の電子の波動関数 $\psi(\boldsymbol{r})$ は, 一般に, 振幅 ψ_0 の透過電子波と振幅 ρ の反射電子波の和で表され,

$$
\begin{aligned}
\psi(\boldsymbol{r}) &= \psi_0 e^{2\pi i \boldsymbol{k} \cdot \boldsymbol{r}} + \rho e^{2\pi i \boldsymbol{k}' \cdot \boldsymbol{r}} \\
&= (\psi_0 e^{-2\pi i \gamma z} + \rho e^{2\pi i \gamma z}) e^{2\pi i \boldsymbol{k}_t \cdot \boldsymbol{r}_t}
\end{aligned}
\tag{2.25}
$$

となる. なお, 上式は結晶内の透過電子の波数ベクトルを $\boldsymbol{k} = (\boldsymbol{k}_t, -\gamma)$, 反射電子を $\boldsymbol{k}' = (\boldsymbol{k}_t, \gamma)$ のように表面平行成分と垂直成分に分解して表示した. ここでは, 無限に厚い一様なポテンシャルの結晶を考えており, 裏表面からの反射はないため, $\rho = 0$ である. したがって, 結晶内の電子の波動関数は

$$
\psi(\boldsymbol{r}) = \psi_0 e^{-2\pi i \gamma z} e^{2\pi i \boldsymbol{k}_t \cdot \boldsymbol{r}_t}
\tag{2.26}
$$

である.

式 (2.22) で示される真空側の波動関数 $\Psi(\boldsymbol{r})$ と式 (2.26) で示される結晶内の波動関数 $\psi(\boldsymbol{r})$ は表面（$z = z_0$）で滑らかにつながる必要がある. そのための境界条件として

$$
\begin{cases}
\Psi(\boldsymbol{r}_t, z_0) = \psi(\boldsymbol{r}_t, z_0) \\
\frac{\partial \Psi(\boldsymbol{r}_t, z)}{\partial z}|_{z=z_0} = \frac{\partial \psi(\boldsymbol{r}_t, z)}{\partial z}|_{z=z_0}
\end{cases}
\tag{2.27}
$$

を満たす必要がある. 上段の式は, 真空側の波動関数 $\Psi(\boldsymbol{r}_t, z)$ の値と結晶内の波動関数 $\psi(\boldsymbol{r}_t, z)$ の値が表面 $z = z_0$ で一致すること, 下段の式は両波動関数が表面で滑らかにつながるために z 方向（表面垂直方向）の傾きが一致することを意味する. 境界条件の式 (2.27) に真空側の波動関数の式 (2.22) と結晶内の波動関数の式 (2.26) を代入すれば,

$$
\begin{cases}
\Psi_0 e^{-2\pi i \Gamma z_0} + R e^{2\pi i \Gamma z_0} = \psi_0 e^{-2\pi i \gamma z_0} \\
-\Gamma \Psi_0 e^{-2\pi i \Gamma z_0} + \Gamma R e^{2\pi i \Gamma z_0} = -\gamma \psi_0 e^{-2\pi i \gamma z_0}
\end{cases}
\tag{2.28}
$$

となる. この連立方程式を解けば, 反射波の振幅は

$$
R = -\frac{\gamma - \Gamma}{\gamma + \Gamma} \Psi_0 e^{-4\pi i \Gamma z_0}
\tag{2.29}
$$

となり，透過波の振幅は

$$\psi_0 = \frac{2\Gamma}{\gamma + \Gamma}\Psi_0 e^{2\pi i(\gamma-\Gamma)z_0} \tag{2.30}$$

となる．したがって，反射率は

$$\left|\frac{R}{\Psi_0}\right|^2 = \frac{|\gamma - \Gamma|^2}{|\gamma + \Gamma|^2} \tag{2.31}$$

となり，透過率は

$$\left|\frac{\psi_0}{\Psi_0}\right|^2 = \frac{4|\Gamma|^2}{|\gamma + \Gamma|^2} \tag{2.32}$$

となる．ここで，結晶内に透過した電子の波数ベクトルの表面垂直成分 γ は，真空中の入射電子の波数ベクトルの表面垂直成分 Γ が与えられれば，式 (2.18) の関係から求められる．なお，確率の流れの密度の観点から，入射波と反射波は同じ真空側で速度は等しいため式 (2.31) の反射率に影響はないが，入射波と透過波は表面垂直方向の速度が異なるため，式 (2.32) の透過率に対しては γ/Γ を掛けて速度補正すれば，反射率と透過率の和は常に 1 となる．

例として，RHEED の場合を考える．加速電圧 $V = 10\,\text{kV}$ の電子線を平均内部電位 $V_0 = 12\,\text{V}$ の一様な結晶に入射させた時，その視射角変化に対する反射率を式 (2.31) を用いて計算すれば，図 2.8 のグラフになる．図からわかるように，入射電子の視射角の増大とともに反射率は急激に減少することがわかる．例

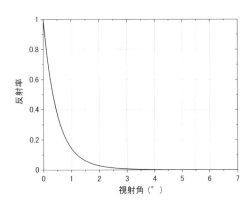

図 2.8 視射角に対する反射率の変化

えば，視射角が 1° を超えると反射率は約 15 % を下る．したがって，RHEED ではできるだけ低視射角にして反射率を稼ぐ必要があり，それは同時に表面に敏感な入射条件にもなる．

2.7　電子線の吸収

　波数ベクトル K の真空中の電子波は結晶内に侵入すると屈折効果を伴い波数ベクトル k となり，侵入距離とともに非弾性散乱によりエネルギーを失い，強度は減衰する．図 2.9 はその様子を描いたものである．結晶内に侵入した電子が Δz だけ深く（z 軸の負の方向に）進むと強度が ΔI だけ減衰するとすれば，減衰率は経験的に

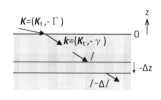

図 2.9　電子線の吸収

$$\frac{-\Delta I}{-\Delta z} \simeq \frac{dI}{dz} = \mu I \tag{2.33}$$

で表される．ここで μ を**吸収係数**と呼ぶ．式 (2.33) を解けば，

$$I = I_0 e^{\mu z} \tag{2.34}$$

のように，結晶内に侵入する時の電子の強度 $I_0 (= |\psi_0|^2)$ に指数関数的減衰項 $e^{\mu z}$ が掛け合わされる形で電子の吸収効果が表される．ただし，結晶内において表面方向に（z 軸の正の方向に）進む電子の強度は，進んだ表面垂直距離 z に対して $e^{-\mu z}$ が掛け合わされることになる．

　結晶内に侵入した電子の強度 I とその波動関数 $\psi(\boldsymbol{r})$ は $I = |\psi(\boldsymbol{r})|^2$ の関係があるため，侵入する電子の波動関数に $e^{\mu z/2}$ を掛け合わせればよい．即ち，

$$
\begin{aligned}
\psi(\boldsymbol{r}) &= \psi_0 e^{2\pi i \boldsymbol{k}\cdot\boldsymbol{r}} e^{\frac{\mu}{2}z} \\
&= \psi_0 e^{2\pi i \boldsymbol{k}_t\cdot\boldsymbol{r}_t} e^{(-2\pi i\gamma + \frac{\mu}{2})z} \\
&= \psi_0 e^{2\pi i \boldsymbol{K}_t\cdot\boldsymbol{r}_t} e^{-2\pi i(\gamma + i\frac{\mu}{4\pi})z}
\end{aligned}
\tag{2.35}
$$

となる．このように，結晶内の波数ベクトル k の表面垂直成分 γ に虚数成分 $i\frac{\mu}{4\pi}$ を加えれば吸収効果を表すことができ，垂直成分は複素数になる．なお，上式では真空中の入射電子と結晶内に侵入した電子のそれぞれの波数ベクトルの表面平行成分は等しいため，$\boldsymbol{k}_t = \boldsymbol{K}_t$ の関係を用いた．

吸収効果を表すため，表面垂直成分を複素数として新たに $\gamma_{\mathrm{cmplx}} \equiv \gamma_r + i\gamma_i$ を導入する．式 (2.35) からその実数部 γ_r は $\gamma_r = \gamma$，虚数部 γ_i は $\gamma_i = \mu/(4\pi)$ に対応するので

$$\gamma_{\mathrm{cmplx}} \equiv \gamma_r + i\gamma_i = \gamma + i\frac{\mu}{4\pi} \tag{2.36}$$

と表すことができる．この両辺を二乗すれば

$$\gamma_{\mathrm{cmplx}}^2 = (\gamma_r^2 - \gamma_i^2) + 2i\gamma_r\gamma_i = \gamma^2 - \frac{\mu^2}{16\pi^2} + i\frac{\gamma\mu}{2\pi} \tag{2.37}$$

となる．

一方，既に述べた式 (2.18) の関係から，この虚数項を表すために結晶内のポテンシャル U_0 に虚数ポテンシャル u を導入して複素数とする．すなわち，

$$U_0 \equiv U + iu \tag{2.38}$$

とおき，式 (2.18) の γ を γ_{cmplx} で表記すれば，

$$\gamma_{\mathrm{cmplx}}^2 = \Gamma^2 + U_0 = \Gamma^2 + U + iu \tag{2.39}$$

となる．式 (2.37) と式 (2.39) は等しいので，それぞれの実数部と虚数部は互いに等しい．したがって，

$$\begin{cases} \gamma_r^2 - \gamma_i^2 = \Gamma^2 + U \\ 2\gamma_r\gamma_i = u \end{cases} \tag{2.40}$$

の連立方程式を解けば，

$$\gamma_r = \sqrt{\frac{+(\Gamma^2 + U) + \sqrt{(\Gamma^2 + U)^2 + u^2}}{2}} \tag{2.41}$$

$$\gamma_i = \sqrt{\frac{-(\Gamma^2 + U) + \sqrt{(\Gamma^2 + U)^2 + u^2}}{2}} \tag{2.42}$$

となる．結晶内のポテンシャルの実数部 U と虚数部 u が与えられれば，式 (2.42) から γ_i が求められ，式 (2.36) の $\gamma_i = \mu/4\pi$ の関係から吸収係数 μ が得

られる．得られた μ を用いれば，式 (2.34) から侵入深さ z に対する電子強度の減衰の様子がわかる．このように，結晶ポテンシャルに虚数成分を含めることにより，これまでの実数である γ を複素数化し，その虚数成分 γ_i を吸収項として表現できる．

一方，これにより複素数 γ の実数成分 γ_r は式 (2.41) に見られるようにポテンシャルの虚数成分 u の影響を受けることになるが，一般に u は U に比べて 10% 程度と小さいため，$\gamma_r \simeq \sqrt{\Gamma^2 + U}$ である．すなわち，γ_r は，これまでの実数ポテンシャルを用いた式 (2.18) から得られる γ としてそのまま利用しても問題ない．

RHEED の場合，例として 10 keV の入射電子を平均内部電位 12 V の結晶に入射する場合について式 (2.34) を計算した結果，表面からの深さに対する強度減衰を図 2.10 のグラフに示す．ただし，深さ $z = 0$ Å の強度 I_0 を 1 に規格化している．なお，ここでは式 (2.38) のポテンシャルの虚数部 u は実数部 U の 10% と

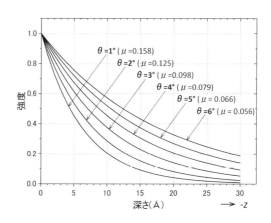

図 2.10 深さに対する侵入電子の強度減衰
視射角 θ を 1° から 6° まで変えての計算結果

仮定した．図からわかるように，入射電子の視射角 θ が 1° から 6° と高くなると，吸収係数 μ の値は 0.158 から 0.056 Å^{-1} と小さくなり，より深く侵入する様子が伺える．電子強度が I_0 の $1/e$ になる侵入の深さは $1/\mu$ に相当し，この値を電子の**侵入深さ**と呼ぶ．視射角 $\theta = 3°$ のとき，$\mu = 0.098$ Å^{-1} なので，侵入深さは $1/\mu \fallingdotseq 10$ Å となる．虚数ポテンシャル u が大きければ，吸収係数 μ の値は増大し，侵入深さは浅くなる．このように，低視射角あるいは虚数ポ

テンシャルの大きな結晶では結晶内に侵入する入射電子の割合は減少し，表面に敏感となることがわかる．また，式 (2.32) の透過率も考慮すれば，この傾向はより顕著となる．

2.8　コヒーレント長

RHEED や LEED の空間分解能は，一般に 1/100 〜 1/10 Å 程度と見積られる．これは回折電子強度に有意な変化を与える原子位置の変化幅として見なすことができる．回折図形は，入射電子が照射されている全領域からの反射回折電子によって形成されるが，その回折斑点強度は電子波の位相情報が正しく保たれる領域内の干渉効果によって決定される．この領域のサイズを**コヒーレント長**（あるいは**可干渉長**）と言う．回折図形がどのぐらいの広さまでの表面構造情報を感じ取っているかはコヒーレント長という指標で評価される．回折図形を解釈する上で，そのコヒーレント長，すなわち"視野の広さ"を知っておくことは重要である．

コヒーレント長の算出としては Pendry による方法 [3] がある．入射電子エネルギーのゆらぎ と入射電子線の開き角 が平面波である入射電子の波数ベクトルにどの程度のゆらぎ を与えるかを求め，それが表面上の 2 点間に与える位相ゆらぎとして反位相状態の π ラジアンになるまでの 2 点間の距離で定義される．そのコヒーレント長 l Å は結果的に次式で与えられる．

$$l = \frac{\lambda}{\sqrt{2(\overline{\Delta\theta})^2 \sin^2 \alpha + \left(\frac{\overline{\Delta E}}{E}\right)^2 \cos^2 \alpha}} \tag{2.43}$$

ここで，E は入射電子エネルギーであり，λ は電子の波長である．2800K 程度の高温加熱されたタングステンフィラメントから放出される熱電子を用いる場合，熱エネルギーによるゆらぎ $\overline{\Delta E} \approx 0.3\,\mathrm{eV}$ が存在する．また，入射電子線の平行度を表す尺度として開き角 $\overline{\Delta\theta}$ がある．α は入射電子の方向と表面上の 2 点を結ぶ線分の方向のなす角である．

RHEED の場合，電子銃に直径 0.1mm の細いスリットを用いることにより

$\overline{\Delta\theta} \approx 10^{-4}$ rad 程度の開き角に抑えることが可能である．10 kV の加速電子を用いれば波長 λ は約 0.12 Å となるので，コヒーレント長は式 (2.43) より入射方向（$\alpha = 0°$）で $l \cong 4000$ Å となり，入射方向に直交する方向（$\alpha = 90°$）で $l \cong 850$ Å となる．式 (2.43) からわかるように入射方向に対してはエネルギーのゆらぎ $\overline{\Delta E}$ を，入射方向に直交する方向では電子線の開き角 $\overline{\Delta\theta}$ を抑えることがコヒーレント長を伸ばすのに有効であることがわかる．ただし，実際の熱電子銃ではウェーネルトによりクロスオーバーと呼ばれる収束点を作るため，$\overline{\Delta E}$ は 1 ～ 2 eV 程度に広がることが知られており，入射方向のコヒーレント長は 1000 Å 程度と推定される．

　一方，LEED の入射電子線は一般にコヒーレント長が 100 Å 程度であるため，RHEED のコヒーレント長の方が長い．そのため，RHEED は LEED に比べてより広い表面の周期構造情報が得られ，回折斑点はよりシャープである．また，RHEED では試料表面に対して低い角度で電子を入射させるため表面の凹凸に敏感であり，特に薄膜成長時に形成される 3 次元島の評価・分析には適している．

第 3 章

結晶格子と逆格子

　回折を扱う前の準備として結晶格子の分類や格子面の表示法など結晶に関する基礎的事項を学ぶ．反射回折を考える時，与えられた結晶格子に対応する逆格子を考える必要がある．3 次元，2 次元，そして 1 次元のそれぞれの結晶格子に対応する逆格子点，逆格子ロッド，そして逆格子面について述べる．

3.1　結晶格子

　結晶格子（crystal lattice）は，空間格子（space lattice）とも呼ばれ，結晶を構成する原子あるいは分子を点とみなし，それらが空間内に周期的に配

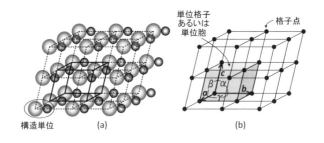

図 3.1　結晶格子の例

(a) 2 原子分子から成る結晶，(b) 分子を格子点として表示した結晶格子

列した格子状のものである．この原子あるいは分子の一まとまりを**構造単位**（basis）と呼び，それを**格子点**（lattice point）として表現する．したがって，結晶とは図 3.1 に示すように，格子点を結晶格子の周期性にしたがって配置したものである．この結晶格子の周期単位を**単位胞**（unit cell）あるいは**単位格子**（unit lattice）と呼ぶが，特に最小の単位胞あるいは単位格子を**基本単位胞**（primitive unit cell）あるいは**基本単位格子**（primitive unit lattice）と呼ぶ．この基本単位胞内あるいは基本単位格子内には 1 個の格子点を含む．図 3.1(b) の影で示す単位胞あるいは単位格子は基本単位胞あるいは基本単位格子である．単位胞あるいは単位格子内に複数の格子点が含まれる場合は**非基本単位胞**（nonprimitive unit cell）あるいは**非基本単位格子**（nonprimitive unit lattice）と呼ぶ．後で述べるが，非基本単位胞あるいは非基本単位格子で結晶を表すと**消滅則**（extinction rule）が働く．消滅則は，非基本単位胞内あるいは非基本単位格子内の特定の格子面に対する散乱波と反位相の散乱波が同時に生じるため，互いに打ち消しあって特定の散乱波が消滅する規則を表す．

3.2　3次元格子

　図 3.1(b) に示すように，a, b, c を稜とする平行六面体の単位格子に対し，この a, b, c を**基本格子ベクトル**（primitive lattice vector）や**基本並進ベクトル**（primitive translation vector）あるいは単に**基本ベクトル**（primitive vector）と呼ぶ．本書では基本ベクトルという名称を用いる．基本ベクトルの大きさ a, b, c に加え，a と b の成す角 γ，b と c の成す角 α，c と a の成す角 β などを**格子定数**（lattice constant）という．すなわち，格子定数は結晶格子の単位格子の大きさや形を表すものである．任意の格子点の位置ベクトル r_{lmn} は基本ベクトルを用いて

$$r_{lmn} = la + mb + nc \quad (l, m, n \text{ は整数}) \tag{3.1}$$

で表される．

　3次元格子の単位格子の取り方はいろいろあるが，配列の対称性がよく，な

表 3.1　結晶の空間格子

結晶系	格子定数	単純	底心	面心	体心
三斜 (triclinic)	$a \neq b \neq c$ $\alpha \neq \beta \neq \gamma$				
単斜 (monoclinic)	$a \neq b \neq c$ $\alpha = \gamma = 90°$ $\beta > 90°$				
直方 (orthorhombic)	$a \neq b \neq c$ $\alpha = \beta = \gamma = 90°$				
六方 (hexagonal)	$a = b \neq c$ $\alpha = \beta = 90°$ $\gamma = 120°$				
菱面体 (rhombohedral)	$a = b = c$ $\alpha = \beta = \gamma \neq 90°$				
正方 (tetragonal)	$a = b \neq c$ $\alpha = \beta = \gamma = 90°$				
立方 (cubic)	$a = b = c$ $\alpha = \beta = \gamma = 90°$				

るべく小さくとれば，表 3.1 に示すように，7 種の**結晶系**（crystal system）と 14 種の**ブラベー格子**（Bravais lattice）に分類できる．三斜晶系は基本単位格子（単位格子内に格子点が 1 個のみ含まれる格子）のみであり，表上段のタイトルには**単純**（simple）と記されている．単純格子は基本単位格子を表す．単斜晶系では単純格子のみならず**底心** (base center) 格子も存在する．直方晶系では単純，底心のみならず**面心**（face center）格子および**体心**（body center）格子も存在する．六方晶系や菱面体晶系は単純格子のみであるが，正方晶系では単純格子に加えて体心格子も存在する．立方晶系では単純の他に面心と

体心が存在し，前者を**面心立方**（face centered cubic）格子，後者を**体心立方**（body centered cubic）格子と呼び，それぞれ fcc，bcc と略記する．結晶例として，fcc 格子には Al，Cu，Ag など，bcc 格子には Na，K，Fe などがある．

3.3　格子面とミラー指数

空間格子内の全ての格子点は，互いに平行で等間隔の 1 組の平面上にのる．これらの平面を**格子面**（lattice plane）と呼び，**ミラー指数**（Miller index）によって表す．ミラー指数は 1 9 世紀半ばにイギリスの結晶学者ミラー（W. H. Miller）によって考案された表記法であり，格子面の表記の仕方を以下に述べる．

空間格子の基本ベクトル $\boldsymbol{a}$，$\boldsymbol{b}$，$\boldsymbol{c}$ の方向に座標軸 X，Y，Z を選び，ある格子面がこれらの軸と交わる点の座標を x，y，z とすれば，

$$\frac{x}{a} : \frac{y}{b} : \frac{z}{c} = \frac{1}{h} : \frac{1}{k} : \frac{1}{l} \tag{3.2}$$

のように分子を 1 にそろえるように変形したときの分母の 3 つの整数 h，k，l を格子面のミラー指数，あるいは**面指数** (plane index) という．これらの整数を $(h\,k\,l)$ のように並べて丸括弧で挟んで格子面を表記する．

例として，図 3.2 に示す三斜晶系の単位格子を用いて格子面を説明する．まず，濃い影で示す格子面のミラー指数を考える．格子面は図より X 軸と $a/2$ で，Y 軸と b で，Z 軸と $2c/3$ で交わるため，式 (3.2) より

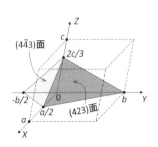

図 3.2　格子面のミラー指数表示

$$\begin{aligned}
\frac{x}{a} : \frac{y}{b} : \frac{z}{c} &= \frac{1}{2} : \frac{1}{1} : \frac{2}{3} \\
&= \frac{1}{4} : \frac{1}{2} : \frac{1}{3}
\end{aligned} \tag{3.3}$$

となり，$(4\,2\,3)$ 面と言う．

　もし，図 3.2 の薄い影で示す格子面のように，格子面が座標軸の負で交わる場合は，負符号を付ける代わりに面指数の上にバーを付けて表記する．すなわち，

$$\frac{x}{a} : \frac{y}{b} : \frac{z}{c} = \frac{1}{2} : \frac{1}{-2} : \frac{2}{3}$$
$$= \frac{1}{4} : \frac{1}{-4} : \frac{1}{3} \tag{3.4}$$

となり，$(4\bar{4}3)$ と表記する．

　参考までに図 3.3 には立方格子によく使われる格子面を示す．図 (a), (b) に示されるように，特定の座標軸に平行な格子面のミラー指数は，その軸に相当する指数の値が 0 になる．これは，その座標軸と無限遠方で交わるとみなし，その無限大の値を $\infty = \frac{1}{0}$ として式 (3.2) に代入すればよい．図 (c) の場合，例えば閃亜鉛鉱型結晶構造の InP(111) 結晶表面において (111) 表面と $(\bar{1}\bar{1}\bar{1})$ 表面は異なり，区別される．前者は In 原子が表面に出ている格子面（オモテ面）であり，

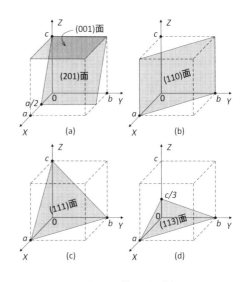

図 3.3　格子面の例

(111)A 面とも呼ばれ，また，後者は P 原子が表面に出ている格子面（ウラ面）であり，(111)B 面とも呼ばれる．図 (d) の (113) 面は (111) 面を少し寝かせた格子面である．

　結晶の方向を示す場合は，**方向指数**を用いる．基本ベクトル **a**, **b**, **c** を用いて，$h\boldsymbol{a} + k\boldsymbol{b} + l\boldsymbol{c}$ のベクトルで表される方向をこれらの係数を用いて $[h\,k\,l]$ と表記する．面指数では丸括弧で表記するが，方向指数では角括弧を用いる．特

に立方晶系の場合，方向指数 $[hkl]$ の向きはミラー指数 (hkl) で表される格子面に対して垂直である．このことは，図 3.3 の各格子面のミラー指数 (hkl) と同じ指数の方向指数 $[hkl]$ を考えればわかる．

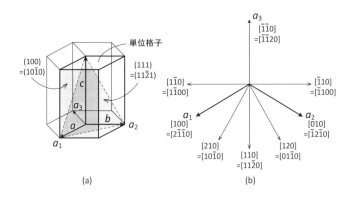

図 3.4　六方晶系の (a) ミラー指数と (b) 方向指数

六方晶系の単位格子は図 3.4(a) に示すように，$a = b \neq c$，$\alpha = \beta = 90°$，$\gamma = 120°$ の関係がある．単位格子を c 軸回りに $\pm 120°$ 回転させてできる六角柱のコーナーにある格子点や六角柱の側面はすべて同類である．すなわち，c 軸を 6 回回転軸とする 6 回対称の格子である．六角柱の側面をミラー指数で表せば，(100)，(010)，$(\bar{1}10)$，$(\bar{1}00)$，$(0\bar{1}0)$，$(1\bar{1}0)$ と表記されるが，直感的に同類な格子面と判断し難い．

そこで，結晶軸 $\boldsymbol{a}, \boldsymbol{b}$ をそれぞれ $\boldsymbol{a}_1, \boldsymbol{a}_2$ と改め，新たに結晶軸 $\boldsymbol{a}_3 = -(\boldsymbol{a}_1 + \boldsymbol{a}_2)$ を加えたミラー・ブラベー指数（Miller-Bravais index）を導入し，$(hkil)$ と表記する．指数 i はミラー指数と同様，$\boldsymbol{a}_3$ 軸と交わる交点を $a_3(= a)$ で割った値の逆数となる．ミラー・ブラベー指数を用いて六角柱の側面を表記すれば，$(10\bar{1}0)$，$(01\bar{1}0)$，$(\bar{1}100)$，$(\bar{1}010)$，$(0\bar{1}10)$，$(1\bar{1}00)$ となり，これらは直感的に等価な格子面であることが認識できる．$i = -(h+k)$ であるため，指数 i を省略して $(hk \cdot l)$ と表記する場合もあるが，等価性は認識し難い欠点がある．方向指数についても図 3.4(b) に示すように，3 つの指数で表記する

場合より 4 つの指数で表記した方が 6 回対称性を認識することが容易である．しかしながら，3 指数で表記することが多いのが実状である．

面指数 $(h\,k\,l)$ で表記される格子面の面間隔を d_{hkl} と表記する．面間隔 d_{hkl} は面指数 h, k, l の値と格子定数 $a, b, c, \alpha, \beta, \gamma$ によって決まる．一般に，面間隔の大きな格子面に対する面指数の値は小さく（これを低指数面と呼ぶ），その格子面上に乗る格子点の密度は高い．幾つかの結晶系に対する格子面間隔 d_{hkl} の計算式を表 3.2 に示す．

表 3.2 格子面間隔

結晶系	d_{hkl}
立方	$\dfrac{a}{\sqrt{h^2+k^2+l^2}}$
正方	$\dfrac{a}{\sqrt{h^2+k^2+(\frac{a}{c})^2 l^2}}$
直方	$\dfrac{1}{\sqrt{\frac{h^2}{a^2}+\frac{k^2}{b^2}+\frac{l^2}{c^2}}}$
六方	$\dfrac{a}{\sqrt{\frac{4}{3}(h^2+hk+k^2)+(\frac{a}{c})^2 l^2}}$
単斜	$\dfrac{\sin\beta}{\sqrt{\frac{h^2}{a^2}+\frac{k^2}{b^2}\sin^2\beta+\frac{l^2}{c^2}-\frac{2hl}{ac}\cos\beta}}$

空間格子ではその対称性により，等価な格子面が複数存在する．例えば，立方格子の場合，2 つの結晶軸に平行な格子面に $(1\,0\,0)$，$(0\,1\,0)$，$(0\,0\,1)$，$(\bar{1}\,0\,0)$，$(0\,\bar{1}\,0)$，$(0\,0\,\bar{1})$ の 6 種類ある．これら同等な格子面をまとめて表すときには丸括弧の代わりに波括弧を用い，$\{1\,0\,0\}$ で表記する．方向指数についても $[1\,0\,0]$，$[0\,1\,0]$，$[0\,0\,1]$，$[\bar{1}\,0\,0]$，$[0\,\bar{1}\,0]$，$[0\,0\,\bar{1}]$ は等価であるため，これら等価な方向指数をまとめて表すときには角括弧の代わりに山括弧を用い，$\langle 1\,0\,0\rangle$ で表記する．

例えば，$l = 0$ であるミラー指数の格子面はすべて c 軸に平行である．これらの格子面は c 軸に平行な**晶帯**（zone）をつくると言う．このとき，c 軸を晶

帯軸（zone axis）と呼び，晶帯軸に平行なすべての格子面を**晶帯面**（plane of a zone）と言う．今，晶帯軸の方向指数を $[u\,v\,w]$ とし，その晶帯面の面指数を $(h\,k\,l)$ とすれば，

$$hu + kv + lw = 0 \tag{3.5}$$

の関係が成り立つ．

3.4　3次元格子の逆空間

　長さを単位とする**実空間** (real space) に対して，長さの逆数を単位とする**逆空間** (reciprocal space) について考える．例として，三斜晶系の実空間と逆空間を重ねて図3.5に示す．実空間内の単位格子（黒点で示す）を表す基本ベクトル $\boldsymbol{a}$, $\boldsymbol{b}$, $\boldsymbol{c}$ に対し，逆空間内の単位格子（白丸で示す）は**基本逆格子ベクトル**（reciprocal primitive vector）$\boldsymbol{a}^*$, $\boldsymbol{b}^*$, $\boldsymbol{c}^*$ で表され，それらは

$$
\begin{aligned}
\boldsymbol{a}^* &= \frac{\boldsymbol{b} \times \boldsymbol{c}}{\boldsymbol{a} \cdot (\boldsymbol{b} \times \boldsymbol{c})} ~, \\
\boldsymbol{b}^* &= \frac{\boldsymbol{c} \times \boldsymbol{a}}{\boldsymbol{a} \cdot (\boldsymbol{b} \times \boldsymbol{c})} ~, \\
\boldsymbol{c}^* &= \frac{\boldsymbol{a} \times \boldsymbol{b}}{\boldsymbol{a} \cdot (\boldsymbol{b} \times \boldsymbol{c})}
\end{aligned}
\tag{3.6}
$$

により求められる．

　上式の分母の $\boldsymbol{a} \cdot (\boldsymbol{b} \times \boldsymbol{c})$ は実空間の単位格子の体積 V を表す．それぞれの分数の分子は単位格子の3組の向かい合う面の面積を大きさに持ち，その法線方向を示すベクトル量である．すなわち，3つの基本逆格子ベクトルの大きさは，次式のように実空間の単位格子の3組のそれぞれ対面する面間の距離（面間隔）の逆数を表す．

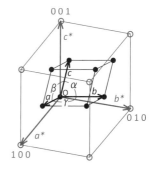

図 3.5　基本ベクトルに対する基本逆格子ベクトル

$$|\boldsymbol{a}^*| = \frac{bc\sin\alpha}{V} = \frac{1}{d_{100}} \ ,$$
$$|\boldsymbol{b}^*| = \frac{ca\sin\beta}{V} = \frac{1}{d_{010}} \ ,$$
$$|\boldsymbol{c}^*| = \frac{ab\sin\gamma}{V} = \frac{1}{d_{001}} \ . \tag{3.7}$$

ここで，d_{hkl} は $(h\,k\,l)$ 面の面間隔を表す．$\boldsymbol{a}^*$ は $\boldsymbol{b}$ と $\boldsymbol{c}$ に対して垂直であり，同様に $\boldsymbol{b}^*$ は $\boldsymbol{c}$ と $\boldsymbol{a}$ に対し，$\boldsymbol{c}^*$ は $\boldsymbol{a}$ と $\boldsymbol{b}$ に対して垂直である．

これら3つの基本逆格子ベクトル $\boldsymbol{a}^*$，$\boldsymbol{b}^*$，$\boldsymbol{c}^*$ の終点はそれぞれ "**逆格子点**" (reciprocal lattice point) $1\,0\,0$，$0\,1\,0$，$0\,0\,1$ を表す．また，式 (3.6) からわかるように，単位格子の基本ベクトルと基本逆格子ベクトルとの間には以下のような規格・直交関係がある．

$$\begin{cases} \boldsymbol{a}^* \cdot \boldsymbol{a} = 1, & \boldsymbol{a}^* \cdot \boldsymbol{b} = 0, & \boldsymbol{a}^* \cdot \boldsymbol{c} = 0 \\ \boldsymbol{b}^* \cdot \boldsymbol{a} = 0, & \boldsymbol{b}^* \cdot \boldsymbol{b} = 1, & \boldsymbol{b}^* \cdot \boldsymbol{c} = 0 \\ \boldsymbol{c}^* \cdot \boldsymbol{a} = 0, & \boldsymbol{c}^* \cdot \boldsymbol{b} = 0, & \boldsymbol{c}^* \cdot \boldsymbol{c} = 1 \end{cases} \tag{3.8}$$

逆格子空間の原点 O から任意の逆格子点 $h\,k\,l$ に向かう**逆格子ベクトル** (reciprocal lattice vector) $\boldsymbol{B}_{hkl}$ は

$$\boldsymbol{B}_{hkl} = h\boldsymbol{a}^* + k\boldsymbol{b}^* + l\boldsymbol{c}^* \qquad (h, k, l \text{ は整数}) \tag{3.9}$$

で表される．この逆格子ベクトル $\boldsymbol{B}_{hkl}$ の終点は，各基本逆格子ベクトルの h, k, l 倍を成分とする点であり，$h\,k\,l$ 逆格子点と呼ぶ．原点 O は $0\,0\,0$ 逆格子点である．また，この逆格子ベクトルの大きさは

$$|\boldsymbol{B}_{hkl}| = \frac{1}{d_{hkl}} \tag{3.10}$$

のように $(h\,k\,l)$ 面の面間隔 d_{hkl} の逆数に等しい．例えば，格子定数 a の立方晶系の場合，表 3.2 に示すように

$$d_{hkl} = \frac{a}{\sqrt{h^2 + k^2 + l^2}} \tag{3.11}$$

で計算される．3次元格子の場合，逆空間にはこのような逆格子点が周期的に配置する．

3.5 2次元格子

既に述べたように反射電子回折法である LEED や RHEED では入射電子の侵入深さが 1nm 程度と浅く，最表面での回折が支配的である．そこで，結晶表面上に存在する原子の2次元配列，すなわち2次元格子とみなした解析が近似的ではあるが許される．既に述べた3次元格子の場合には表 3.1 に示したように 14 種類のブラベー格子が存在するが，2次元格子の場合は表 3.3 に示すように5種類のブラベー格子に分類される．表中の実空間の欄には2次元格子点の配置が示されている．任意の格子点の位置ベクトル r_{mn} は

$$r_{mn} = ma + nb \quad (m, n \text{ は整数}) \tag{3.12}$$

で表される．基本ベクトル a, b の大きさの関係やそれらのなす角度 γ の値が $90°$ や $120°$ あるいはそれ以外の値かにより分類される．2つの基本ベクトル a と b を隣り合う2辺とする平行四辺形（内部が影で示されている）は単位格子あるいは**単位網**（unit mesh）という．3次元格子の場合は図 3.5 に示したように逆空間に逆格子"点"が規則的に配列するが，2次元格子の逆空間には2次元格子面に垂直に立つ**"逆格子ロッド"**（reciprocal lattice rod）が規則的に配列する．これは，2次元格子面の面垂直方向に格子点がないため，それを無限長の周期で格子点が存在すると考え，逆空間では逆格子点が格子面垂直方向に無限小の間隔で密に連なってロッド状になると考えることができる．表 3.3 の逆空間の欄には逆格子ロッド群を2次元格子面真上から見た配置を示す．

ここで注目すべきは，面心長方格子のみ単位格子（表 3.3 中 (i) で表記）の面心に格子点が1個余分に加わるため単位格子内には2個の格子点が含まれ，非基本単位格子（ノンプリミティブな格子）となる．他の4つの格子は全て基本単位格子（あるいは単純格子）となっている．したがって，面心長方格子の回折条件を考えるときにはある特定な回折波が消滅する，いわゆる消滅則を

表3.3　2次元ブラベー格子

結晶系	格子定数	実空間	逆空間
斜方 (oblique)	a≠b γ≠90°		
長方 (rectangular)	a≠b γ=90°		
面心長方 (centered rectangular)	a≠b γ=90°		
正方 (square)	a=b γ=90°		
六方 (hexagonal)	a=b γ=120°		

考慮する必要がある．参考までにその右側に描かれている斜方格子（表3.3中
(ii) で表記）として扱えば，基本単位格子となり，消滅則を考える必要はなく
なる．例えば，すぐ右側の逆空間の欄を見ると，(i) の面心長方格子の逆格子
ロッドでは１０や０１の逆格子ロッドは消滅（図中の白丸記号は消失）してい
るが，(ii) の斜方格子として扱えば消滅する逆格子ロッドはないことがわかる．
しかしながら，(ii) の場合は斜交座標表示となる．直交座標表示の面心長方格
子 (i) として扱うか斜方格子 (ii) として扱うかは１長１短である．通常は面心
長方格子として扱うことが多い．

3.6 2次元格子の逆空間

例として，斜方格子の2次元格子に対する**逆格子ロッドベクトル** (reciprocal lattice rod vector)（単に**ロッドベクトル** (rod vector) とも言う）について説明する．ロッドベクトルは，逆格子ロッドの位置ベクトルであり，$\boldsymbol{B}_{hk}$ の記号で表す．図 3.6(a) に2次元格子と影で示す単位格子を示す．基本ベクトル $\boldsymbol{a}$，$\boldsymbol{b}$ の成す角を γ とし，ここでは X-Y 直交座標の X 軸を $\boldsymbol{a}$ の向きに合わせた．なお，面垂直方向（Z 軸方向）の単位ベクトルを $\hat{\boldsymbol{z}}$ とする．

ロッドベクトル $\boldsymbol{B}_{hk}$ は2次元格子の基本逆格子ベクトル $\boldsymbol{a}^*$，$\boldsymbol{b}^*$ を用いて

$$\boldsymbol{B}_{hk} = h\boldsymbol{a}^* + k\boldsymbol{b}^* \tag{3.13}$$

で表される．ただし h, k は整数であり，ロッドベクトルは h, k の値を指定することで決まる．

基本逆格子ベクトルは数学的に求めることができ，3次元格子の場合に用いた式 (3.6) 内の基本ベクトル $\boldsymbol{c}$ を次式のように Z 軸方向の単位ベクトル $\hat{\boldsymbol{z}}$ に置き換えるだけでよい．

$$\boldsymbol{a}^* = \frac{\boldsymbol{b} \times \hat{\boldsymbol{z}}}{\boldsymbol{a} \cdot (\boldsymbol{b} \times \hat{\boldsymbol{z}})} ,$$
$$\boldsymbol{b}^* = \frac{\hat{\boldsymbol{z}} \times \boldsymbol{a}}{\boldsymbol{a} \cdot (\boldsymbol{b} \times \hat{\boldsymbol{z}})} . \tag{3.14}$$

これら $\boldsymbol{a}^*$ と $\boldsymbol{b}^*$ は2次元格子面に平行である．また，式 (3.8) と同様に規格・直交関係

$$\begin{cases} \boldsymbol{a}^* \cdot \boldsymbol{a} = 1, & \boldsymbol{a}^* \cdot \boldsymbol{b} = 0 \\ \boldsymbol{b}^* \cdot \boldsymbol{a} = 0, & \boldsymbol{b}^* \cdot \boldsymbol{b} = 1 \end{cases} \tag{3.15}$$

が成り立つ．

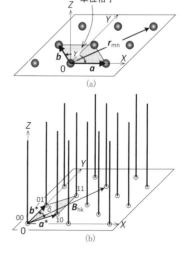

図 3.6 2次元格子
(a) 実空間, (b) 逆空間

このように基本逆格子ベクトル a^* と b^* は式 (3.14) から計算によって求められるが，その意味は次のようである．基本逆格子ベクトル a^* と b^* は実空間の単位格子の 2 組の相向かい合う平行な辺に対してそれぞれ垂直方向で，かつその大きさはそれぞれの平行な 2 辺間の距離の逆数に等しい．なお，a^* と b^* の成す角度 δ は，実空間の基本ベクトル a と b の成す角 γ と

$$\delta = \pi - \gamma \tag{3.16}$$

の関係がある．2 次元格子の逆空間にはこのような逆格子ロッドが規則的に配置する．

3.7　3 次元格子と 2 次元格子との関係

ここでは 2 次元格子と 3 次元格子との違いについて述べる．例として面心立方格子の (001) 表面，(110) 表面，そして (111) 表面の 2 次元単位格子を図 3.7 に示す．図 3.7 の左側には面心立方格子のそれぞれの面を影で示し，右側の図にはそれぞれの面が表面として切り出されたときの表面真上から眺めた 2 次元格子面を示す．そこでは，3 次元の単位格子から切り出された面をそのまま薄い影で示している．

図 (a) の (001) 表面の 2 次元格子面において，薄い影で示す単位格子は面心の正方格子となり，単位格子内には 2 個の格子点があるため非基本単位格子となる．そこで，図 (a) の右下に示すように，1 片の長さが 3 次元の単位格子の格子定数 a_0, b_0 の $1/\sqrt{2}$ 倍の大きさで 45° 回転した基本ベ

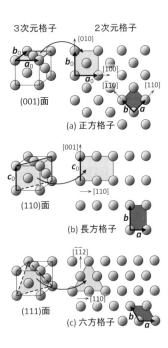

図 3.7　面心立方格子の各表面に現れる 2 次元格子

クトル a, b で示す正方格子（濃い影で示す）が2次元格子の基本単位格子となる．図 (b) の (110) 面の2次元格子面も，薄い影で示す単位格子ではなく，その右下の半分の面積の長方格子（濃い影で示す）が基本単位格子となる．さらに，図 (c) の (111) 面の2次元格子面においても，薄い影で示す正3角形ではなく，その右下の菱形（濃い影で示す）が六方格子の基本単位格子となる．このように3次元の面心立方格子の単位格子を表す基本ベクトルがそのまま表面の2次元格子の基本ベクトルになるわけでなく，それよりも小さな基本単位格子を表す基本ベクトルが用いられる．

　図 3.8 は面心立方格子の逆空間において，3次元格子の"逆格子点"と2次元格子の"逆格子ロッド"との関係を示す．図 (a) は (001) 表面について，図 (b) は (111) 表面について，逆格子点と逆格子ロッドの配置を示す．面心立方格子の場合，(hkl) 面からの反射回折において h, k, l の指数に偶数と奇数が混在するときは消滅則が働く．そこで図には，このような禁制反射の hkl 逆格子点は除いた．その結果，図には体心立方格子状に逆格子点が配置する．すなわち，原点 000 から 200 逆格子点までの距離を1辺の長さとする立方体の中心に 111 逆格子点を有する．

　図 (a) では (001) 面を表面とした場合であり，その表面を h-k 面とすれば，その表面に垂直に立つ逆格子ロッド群が配列する．原点の 000 逆格子点を通る逆格子ロッドを 00 ロッドと指数付けする．注目すべきは 111 逆格子点は h-k 面上にはないが，その逆格子点を通る逆格子ロッドは存在し，それを 10 ロッドと名付ける．同様に，$\bar{1}11$ 逆格子点を通る逆格子ロッドを 01 ロッドと名付ける．00 ロッドから 10 ロッドに向かうロッドベクトルは基本逆格子ベクトル a^* に，同様に 01 ロッドに向かうロッドベクトルは基本逆格子ベクトル b^* に相当する．式 (3.13) に示すように，これら2つの基本逆格子ベクトルの線形結合により任意のロッドベクトルが決まる．それらは図 3.7(a) 右下の正方格子の基本単位格子（濃い影で示す）に対する逆格子ロッドに対応する．

　図 (b) では (111) 表面が6角形の傾斜平面で表され，それに垂直に逆格子ロッドが配置する．この場合も原点の 000 逆格子点を通り，表面に垂直な逆

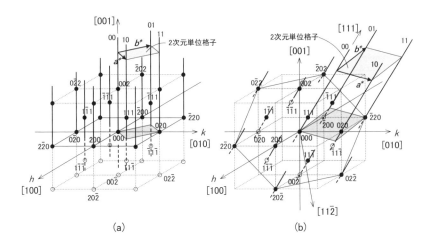

図 3.8　面心立方格子の逆格子点と逆格子ロッド

(a) は (001) 表面，(b) は (111) 表面を示し，２次元単位格子はロッド上方に表示した．

格子ロッドを 00 ロッドと名付ける．この６角形の面上にはないが，少し上方にある 020 逆格子点を通る逆格子ロッドを 10 ロッド，同様に $\bar{1}$11 逆格子点を通る逆格子ロッドを 01 ロッドと名付ける．00 ロッドから 10 ロッドおよび 01 ロッドに向かうベクトルを基本逆格子ベクトル $\boldsymbol{a}^*$ および $\boldsymbol{b}^*$ とし，これら２つの基本逆格子ベクトルの線形結合により任意の逆格子ロッドが決まる．これらは図 3.7(c) 右下の六方格子の基本単位格子（濃い影で示す）に対する逆格子ロッドに対応する．

3.8　１次元格子と逆空間

最後に１次元格子を図 3.9(a) に示す．図では格子点が X 軸方向に周期間隔 a で並ぶ．任意の格子点の位置ベクトル $\boldsymbol{r}_n$ は

$$\boldsymbol{r}_n = n\boldsymbol{a} \quad (n \text{ は整数}) \tag{3.17}$$

で表される．Y 軸方向と Z 軸方向には周期性がないため，それらの方向には無限長の周期が存在すると見なし，逆空間には無限に短い間隔で逆格子点が密集すると考えることができる．即ち，X 軸に垂直な平面が形成される．これを**逆格子面** (reciprocal lattice plane) と言い，図 3.9(b) に示すように逆格子面が X 軸方向に $1/a$ の周期間隔で配列する．

実空間の基本ベクトル a に対し，逆空間には**基本逆格子ベクトル a^*** が次式により定義される．

$$a^* = \hat{a}/a \qquad (3.18)$$

ただし，$\hat{a}$ は a 方向の単位ベクトルである．この基本逆格子ベクトル a^* の h(整数) 倍を**逆格子面ベクトル**とよび，次式のように B_h を用いて

$$B_h = ha^* \quad (h \text{ は整数}) \qquad (3.19)$$

で表される．図 3.9(b) には基本逆格子ベクトル a^* と逆格子面ベクトル B_h が示されている．このように，1次元格子の逆空間では，a に垂直かつ原点から $1/a$ の間隔で並ぶ逆格子面が周期配列することが特徴である．

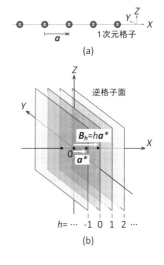

図 3.9 1次元格子
(a) 実空間，(b) 逆空間

3.9 1次元，2次元，3次元の結晶格子と逆格子

以上，結晶格子の次元に対する逆格子の違いを述べたが，ここではそれらを整理する．

3次元結晶格子に対して，逆空間には逆格子点が配列する．逆格子点の位置を記述するための逆格子ベクトルは3つの基本逆格子ベクトル a^*，b^*，c^* の線形1次結合で与えられる．その直感的意味は，以下のとおりである．a^* は，

b と c で張る格子面に平行な格子面群の格子面間隔の逆数の大きさを持ち，その格子面に垂直な方向を向く．b^* と c^* も同様に，それぞれ c と a で張る格子面と平行な格子面群と a と b で張る格子面と平行な格子面群を考え，それぞれの格子面間隔の逆数の大きさを持ち，それぞれの格子面に垂直な方向を向く．

　2 次元結晶格子に対して，逆空間には逆格子ロッドが配列する．逆格子ロッドの位置を記述する逆格子ロッドベクトルは 2 つの基本逆格子ベクトル a^* と b^* の線形 1 次結合で与えられる．a^* は，b 方向に平行な格子列群の格子列間隔の逆数の大きさを持ち，その格子列に垂直な方向を向く．b^* も同様に，a 方向に平行な格子列群の格子列間隔の逆数の大きさを持ち，その格子列に垂直な方向を向く．

　1 次元結晶格子に対して，逆空間には逆格子面が配列する．逆格子面の位置を記述する逆格子面ベクトルは 1 つの基本逆格子ベクトル a^* の整数倍で与えられる．a^* は，a 方向に並ぶ格子点列の中の隣接する格子点間距離の逆数の大きさを持ち，その格子点列方向に向く．

　この 1 次元結晶の逆空間の考え方を応用すれば，2 次元結晶の逆格子ロッドや 3 次元結晶の逆格子点の配列が求められることを簡単に述べる．図 3.10 は 2 次元結晶（斜方格子）の場合であり，図 (a) の実空間内で a 方向に周期的に並ぶ格子点列と b 方向に周期的に並ぶ格子点列に分解する．逆空間内では図 (b) のように，それぞれの格子点列による逆格子面群 α_1 と α_2 が形成される．a 方向と b 方向の両周期性を満たす 2 次元結晶の逆空間は，それぞれの逆格子面群 α_1 と α_2 の交わる線が逆格子ロッドとなる．

　3 次元結晶（三斜格子）の場合は，図 3.11 の図 (a) に示すように，c 方向にも周期的に並ぶ格子点列がある．そのため，逆空間では図 (b) のように逆格子面群 α_3 も形成される．これらの逆格子面群 α_1，α_2，α_3 の交わる点が逆格子点となる．このように 1 次元の結晶格子の逆格子面に基づいて 2 次元と 3 次元の逆空間を考えると理解しやすい．次章ではここで用いた逆空間と同じ図を用いて反射回折との関係を詳しく述べる．

　以上のように，3 次元結晶格子では逆格子点（0 次元）が，2 次元結晶格子

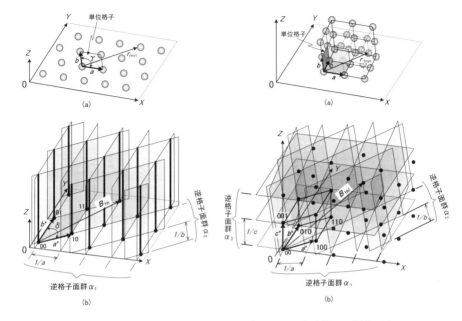

図 3.10　2 次元格子の逆格子ロッド
(a) 実空間，(b) 逆空間

図 3.11　3 次元格子の逆格子点
(a) 実空間，(b) 逆空間

では逆格子ロッド（1次元）が，そして1次元結晶格子では逆格子面（2次元）
が逆空間に現れる．すなわち，実空間の次元と逆空間の次元を加算した値は常
に3になるという規則性がある．そして，逆空間内の逆格子点には3つの指数
hkl を，逆格子ロッドには2つの指数 hk を，そして逆格子面には1つの指数
h を用いて表記する．

第 4 章

各次元の結晶格子からの反射回折

　前章で学んだ 1 次元から 3 次元までの結晶格子の逆格子を用いて，反射回折電子の出射方向を理解する.

4.1　1 次元格子からの反射

　まず簡単なケースとして，図 4.1(a) に示すように，基本ベクトル a の周期で Y 軸上に並ぶ 1 次元格子による回折現象を考える. 格子点列に対して視射角 θ で波数ベクトル K の電子波が入射したとき，視射角 θ_{out} で強い反射回折電子波 K_{out} が生じたとする. ここで，$\hat{K}$ と $\hat{K}_{out}$ はそれぞれ入射と反射の方向を示す単位ベクトルである. この反射電子は弾性散乱によるものとし，エネルギーの変化はないとする. すなわち，入射と反射の波数ベクトルの大きさは互いに等しいものとする. 強い反射波が生じる条件は，隣り合う格子点から散乱する電子波間の行路差が波長 λ の整数倍になるときである. この回折条件

は，図 4.1(a) に示す行路差 AN−BM を計算すれば，

$$\mathrm{AN} - \mathrm{BM} = \boldsymbol{a} \cdot \hat{\boldsymbol{K}}_{out} - \boldsymbol{a} \cdot \hat{\boldsymbol{K}} = h\lambda \quad (h \text{ は整数})$$

$$\boldsymbol{a} \cdot \frac{\hat{\boldsymbol{K}}_{out}}{\lambda} - \boldsymbol{a} \cdot \frac{\hat{\boldsymbol{K}}}{\lambda} = h$$

$$\therefore \boldsymbol{a} \cdot \boldsymbol{K}_{out} - \boldsymbol{a} \cdot \boldsymbol{K} = h \tag{4.1}$$

となる.

ここで, 散乱ベクトル $\boldsymbol{s}$ を次式のように入射波と反射波の両波数ベクトルの差で定義すれば,

$$\boldsymbol{s} \equiv \boldsymbol{K}_{out} - \boldsymbol{K} \tag{4.2}$$

である. この散乱ベクトルを式 (4.1) に代入すれば,

$$\boldsymbol{a} \cdot \boldsymbol{s} = h \quad (h \text{ は整数})$$

$$\therefore \hat{\boldsymbol{a}} \cdot \boldsymbol{s} = \frac{h}{a} \, (\equiv |\boldsymbol{B}_h|) \tag{4.3}$$

となる. $\boldsymbol{B}_h$ は図 4.1(b) に示すように, １次元格子の逆格子面ベクトルである. $\hat{\boldsymbol{a}}$ は１次元格子の基本ベクトル $\boldsymbol{a}$ の向きの単位ベクトル, すなわち方向ベクトルである. 式 (4.3) の意味は, 散乱ベクトル $\boldsymbol{s}$ の $\boldsymbol{a}$ 方向成分が

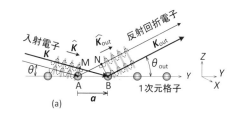

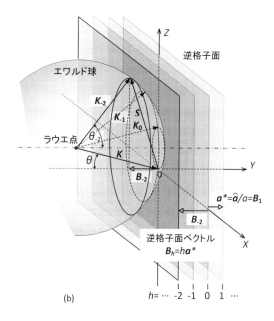

図 4.1 １次元格子による反射
(a) 実空間, (b) 逆空間

$1/a$ の h（整数）倍のとき，すなわち**逆格子面ベクトル B_h** の大きさに等しいときに反射回折波が生じることを示す．これを 1 次元における**ラウエの回折条件**という．

　反射回折波が生じるラウエの回折条件を逆空間で考える．視射角 θ で入射する波数ベクトル K の終点を逆空間の原点に合わせ，その始点を中心に半径 K の球面を描く．この球を**エワルド球**と呼び，K の始点を**ラウエ点**と呼ぶ．ラウエ点からエワルド球面上に引いた波数ベクトルはすべて大きさが等しいため，エネルギーも等しい．このことから等エネルギー面とも呼ばれ，弾性散乱電子の反射方向を考えるときに用いられる．このエワルド球は複数の逆格子面と交わり，それらの交線は円となる．

　例として図 4.1(b) に示すように，$h = -2$ の逆格子面ベクトル B_{-2} で指定される逆格子面を考える．この逆格子面とエワルド球との交線である円周上に向けて原点から引いた散乱ベクトル s は式 (4.3) のラウエの回折条件を満たす．なぜなら，この散乱ベクトル s の a 方向成分は $|B_{-2}|$ に一致するためである．散乱ベクトル s が決まれば，式 (4.2) から反射電子の波数ベクトル K_{out}、ここでは K_{-2} は入射電子の波数ベクトル K を用いて

$$K_{-2} = K + s \tag{4.4}$$

として求まる．すなわち，ラウエ点から円周上の点に向けて引いた全てのベクトルは反射電子の波数ベクトルになる．反射電子はラウエ点を頂点とする円錐形の側面に沿って生じるため，蛍光スクリーンを Y 軸正方向の適当な位置に置けば，円形の回折図形が現れる．同様に，エワルド球と交わる全ての逆格子面を考えれば，それらの交線は半径の異なる円となり，頂角の異なる円錐形の側面に沿って反射電子が生じ，蛍光スクリーン上には同心円状の回折図形が形成される．このように 1 次元格子からの反射を考えるとき，逆格子面ベクトルで指定される逆格子面とエワルド球との交線である円周に向けた散乱ベクトルが回折条件を満たす．

4.2　2次元格子からの反射

　例として図 3.10(a) に示す斜方格子の2次元格子を例に反射条件を考える．斜方格子は2つの基本ベクトル a と b の大きさは異なり，そのなす角度は $\gamma \neq 90°$ である．2次元格子の周期性を示す最も小さい単位を単位格子もしくは単位網と呼ぶが，これは a と b を隣り合う2辺とする平行四辺形として図 3.10(a) に影を付けて示す．

　このような2次元格子に電子波が入射すれば，特定な方向に反射回折する．このときの回折条件を考えよう．2次元格子では2つの基本ベクトル a と b で示される周期性が存在する．1次元格子の場合のラウエの回折条件と同様に，2次元格子の場合には a 軸方向のみならず，b 軸方向に対してもラウエの回折条件を満たす必要があるため，

$$\begin{cases} a \cdot s & = h \quad (h \text{ は整数}) \\ b \cdot s & = k \quad (k \text{ は整数}) \end{cases} \tag{4.5}$$

の連立方程式を満たす散乱ベクトル s を求める．そのため，逆空間に基本ベクトル a と b のそれぞれの方向に対する逆格子面を考える．

　図 3.10(b) に示すように，a 軸方向には $1/a$ の周期間隔で a に垂直な逆格子面群 α_1 が並び，b 軸方向には $1/b$ の周期間隔で b に垂直な逆格子面群 α_2 が並ぶ．式 (4.5) の連立方程式を満たす散乱ベクトル s は，逆格子面群 α_1 と α_2 の両逆格子面上に散乱ベクトルの終点が乗る必要がある．すなわち，両逆格子面の交線である逆格子ロッド（2次元格子面に対して垂直に延びる直線）上に散乱ベクトル s の終点が乗ることが回折条件となる．これらの逆格子ロッドは図 3.10(b) に太線で示す直線群である．式 (3.13) で表されるように，逆格子ロッドの位置ベクトルである逆格子ロッドベクトル B_{hk} は2つの基本逆格子ベクトル a^* と b^* の線形結合で表現でき，a^* と b^* は式 (3.14) から求めることができる．

　ラウエの回折条件は逆格子ロッドに散乱ベクトルの終点が乗る時に満たされ

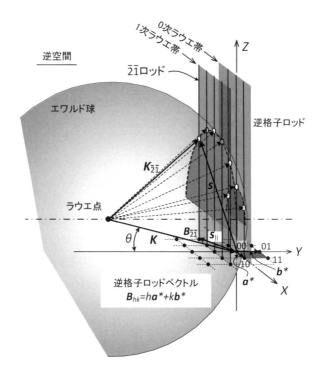

図 4.2　2 次元格子による反射

る．別の表現をすれば，散乱ベクトル s の 2 次元格子面に平行な成分 $s_\parallel$ が，

$$s_\parallel = B_{hk} \tag{4.6}$$

を満たすとき，回折条件が成り立つ．

　例として正方格子を試料として用いた場合のエワルドの作図を図 4.2 に示す．この正方格子の基本逆格子ベクトル a^* と b^* は直交しており，それぞれを X 軸と Y 軸方向としている．電子線を Y 軸方向に向け視角 θ で入射した場合，回折電子がどの方向に反射するかを求める．2 次元格子の逆空間には逆格子ロッドベクトル B_{hk} で指定される位置に逆格子ロッドが格子面垂直に立ち並ぶ．図には X 軸上（0 次ラウエ帯）の逆格子ロッド列と 2 列目（1 次ラ

ウエ帯）の逆格子ロッド列が描かれている．入射電子の波数ベクトル K の終点を逆空間の原点に合わせ，その始点（ラウエ点）を中心に半径 K のエワルド球を描けば，何本かのロッドと交わる．例えばロッドベクトル $B_{\bar{2}\bar{1}}$ で指定される $\bar{2}\bar{1}$ ロッドに注目しよう．そのロッドとエワルド球との交点に向けて原点から散乱ベクトル s を引けば，当然ながらその散乱ベクトル s の格子面平行成分はロッドベクトル $B_{\bar{2}\bar{1}}$ になるので式 (4.6) が満たされ，回折条件が成り立つ．そこで，入射波数ベクトル K と散乱ベクトル s をベクトル合成すれば，反射電子の波数ベクトル $K_{\bar{2}\bar{1}}$ が $K_{\bar{2}\bar{1}} = K + s = K + B_{\bar{2}\bar{1}}$ として得られ，その方向に反射する．他の反射も同様に，エワルド球と逆格子ロッドとの交点方向に向かってラウエ点から引いたベクトルが反射電子の波数ベクトルとなり，その方向に反射する．0 次ラウエ帯のロッド列，或いは 1 次ラウエ帯のロッド列がエワルド球と交わる交点はそれぞれのラウエ帯上の円周上に乗るため，Y 軸正の方向に蛍光スクリーンを置けば，円周上に回折斑点が乗る．これらの回折斑点は、それぞれのロッド指数 hk を**反射指数**として用い，hk 斑点と呼ぶ.

4.3 3次元格子からの反射

例として図 3.11(a) に示す三斜晶系の 3 次元格子を用いて反射条件を考える．3 つの基本ベクトル a, b, c の大きさはそれぞれ異なり，またそれぞれのなす角は直角ではない．3 次元格子の周期性を示す単位格子は a, b, c を隣接する 3 辺とする平行六面体であり，図 3.11(a) に影を付けて立体的に示す．

このような 3 次元格子に電子波が入射したときの反射条件を考える．3 次元格子では 3 つの基本ベクトル a, b, c で示される周期性が存在する．前節の 2 次元格子の 2 つの周期軸に加えて，c 軸に対してもラウエの回折条件を適用すれば，

$$\begin{cases} a \cdot s = h & (h \text{ は整数}) \\ b \cdot s = k & (k \text{ は整数}) \\ c \cdot s = l & (l \text{ は整数}) \end{cases} \tag{4.7}$$

を満たす必要がある．そのため，逆空間には a, b そして c のそれぞれの方向

に対する逆格子面を考える．図 3.11(b) に示すように，a 軸方向に並ぶ逆格子
面群 α_1，b 軸方向にに並ぶ逆格子面群 α_2 に加えて，c 軸方向には $1/c$ の周期
間隔で c に垂直な逆格子面群 α_3 が並ぶ．式 (4.7) の連立方程式を満たす散乱
ベクトル s は，これら 3 種類の逆格子面群 α_1，α_2 そして α_3 の上に散乱ベク
トルの終点が乗る必要がある．すなわち，3 種類の逆格子面群の交点に散乱ベ
クトル s の終点が乗ることがラウエの回折条件となる．これらの交点は逆格子
点に対応し，図 3.11(b) に黒点で示す．

　逆格子点の位置ベクトルを**逆格子ベクトル**と呼び，B_{hkl} で表す．式 (3.9) で
表されるように，逆格子ベクトル B_{hkl} は 3 つの基本逆格子ベクトル a^*，b^*
そして c^* の線形結合で表現でき，a^*，b^*，そして c^* は式 (3.6) から求めるこ
とができる．

　ラウエの回折条件は逆格子点に散乱ベクトルの終点が乗る時に満たされる．
すなわち，

$$s = B_{hkl} \tag{4.8}$$

のように散乱ベクトルが逆格子ベクトルと一致するとき，回折条件が成り立つ．

　単純立方格子を例に視射角 θ で Y 軸方向（$[\bar{1}10]$ 方向）に電子を入射したと
きの回折電子の反射方向を図 4.3 のエワルドの作図を用いて説明する．1 次元
格子，2 次元格子の場合と同様に，入射電子の波数ベクトル K の終点を逆空
間の原点に合わせ，その始点（ラウエ点）を中心として半径 K のエワルド球
を描く．エワルド球と交わる逆格子点は限られており，交わる逆格子点があれ
ば，そこに向けて原点から引いたベクトルが回折条件を満たす散乱ベクトル s
となる．図では例として $\bar{2}1\bar{4}$ 逆格子点がエワルド球と交わる状態を示してお
り，その方向に向けた散乱ベクトル s が回折条件を満たし，入射の波数ベク
トル K に s を合成した反射の波数ベクトル $K_{\bar{2}1\bar{4}}$ が発生する様子を描いてあ
る．この $\bar{2}1\bar{4}$ 逆格子点以外にも回折条件を満たす逆格子点があれば，同様に反
射が生じる．2 次元格子の場合，逆格子ロッドがエワルド球内に存在すれば，
逆格子ロッドとエワルド球との交点は入射条件（視射角や方位）に依らず常に
存在する．しかしながら，3 次元格子の場合には入射条件をうまく設定しない

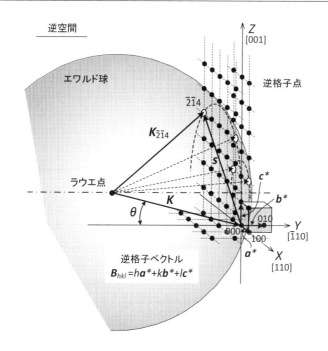

図 4.3　3次元格子による反射

と反射電子は生まれない．実際には，結晶サイズ，格子の熱振動，入射電子の
コヒーレント長などにより，逆格子点は少し広がっているため，エワルド球が
逆格子点近傍を通る場合も弱いながら反射が生まれる．

　参考までに，ラウエの回折条件から**ブラッグの反射条件**を導くことができる
ことを示す．ラウエの回折条件では周期的に配列する3次元格子点からの反射
波の干渉を考えたが，ブラッグの反射条件では平行に周期配列する格子面から
の反射波の干渉を考える．式 (4.8) にあるように，ラウエの回折条件では，散
乱ベクトル s が逆格子ベクトル B_{hkl} に一致するときに反射回折が生じる．こ
の B_{hkl} は (hkl) 格子面に垂直方向でかつその格子面間隔の逆数の大きさを持
つベクトルである．図 4.4 は、その回折条件を満たす時の図 (a) には逆空間，

図 (b) には実空間の様子を描いたものである．入射波数ベクトル $\boldsymbol{K}$ が注目する $(h\,k\,l)$ 面に対して視射角 θ で入射し，その格子面で鏡面反射して反射波 $\boldsymbol{K}_0$ が生じている．式 (4.8) を書き直せば

$$\boldsymbol{K}_0 - \boldsymbol{K} = \boldsymbol{B}_{hkl}$$
$$\therefore \boldsymbol{K}_0{}^2 = (\boldsymbol{K} + \boldsymbol{B}_{hkl})^2$$
$$\therefore K_0{}^2 = K^2 + 2\boldsymbol{K} \cdot \boldsymbol{B}_{hkl} + B_{hkl}{}^2 \tag{4.9}$$

ここでは弾性散乱を考えているため，$K_0{}^2 = K^2$ である．したがって，

$$-2\boldsymbol{K} \cdot \boldsymbol{B}_{hkl} = B_{hkl}{}^2$$
$$\therefore 2\,\frac{1}{\lambda}\,\frac{1}{d_{hkl}}\,\sin\theta = \left(\frac{1}{d_{hkl}}\right)^2$$
$$\therefore 2\,d_{hkl}\,\sin\theta = \lambda \tag{4.10}$$

となり，式 (4.10) のブラッグの反射条件を導くことができる．

　図 4.4(b) を用い，面間隔 d_{hkl} の格子面 $(h\,k\,l)$ に対して視射角 θ で入射する電子波 $\boldsymbol{K}$ がその格子面に対して鏡面反射する電子波 $\boldsymbol{K}_0$ が生じるブラッグ反射条件を説明する．隣接格子面の点 A で反射する波と点 C で反射する波の行路差，すなわち距離 BC と距離 CD の和 $2d_{hkl}\sin\theta$ が波長 λ の整数倍となれば，両反射波は同位相となり，互いに強め合って鏡面反射波が生じる．これを式で表せば，

$$2\,d_{hkl}\,\sin\theta = n\,\lambda \quad (n = 1, 2, 3\dots) \tag{4.11}$$

となり，$n = 1$ の場合が式 (4.10) に相当する．$n \neq 1$ の場合は仮想的ではあ

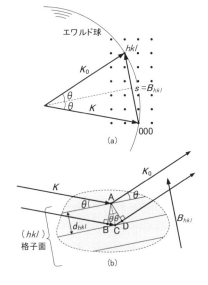

図 4.4　$(h\,k\,l)$ 格子面からのブラッグ反射

(a) 逆空間，(b) 実空間

るが d_{hkl}/n の面間隔の格子面，すなわち $\boldsymbol{B}_{h\,k\,l}$ の n 倍の長さの逆格子点（これは $\boldsymbol{B}_{nh\,nk\,nl}$ と記載できる）を想定すればよいので，全て式 (4.10) に帰着できる．

第5章

結晶表面からの反射回折

　結晶表面に高速電子，或いは低速電子を照射すると，表面で反射回折した電子線群が蛍光スクリーン上に複数の回折斑点を生む．このような回折斑点の幾何学模様を回折図形，或いは回折パターンと呼ぶ．回折斑点の幾何学模様から結晶表面原子の配列周期がわかる．また，回折斑点の強度から表面原子の位置がわかる．ここでは表面原子の配列周期と回折図形との関係について述べる．

5.1　RHEEDにおけるエワルドの作図

　表面電子回折法では回折図形が観察対象であり，その回折斑点の幾何学を理解することは重要である．本節では，RHEEDにおいて入射電子が回折条件を満たして反射する方向をエワルドの作図により求める．発生する反射回折波の全体的イメージを把握するため，図5.1にRHEEDにおけるエワルドの作図の概容を示す．詳細な幾何学についてはその拡

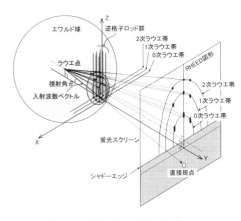

図 5.1　RHEED 図形の形成

大図である図 5.2 を用いて説明する.

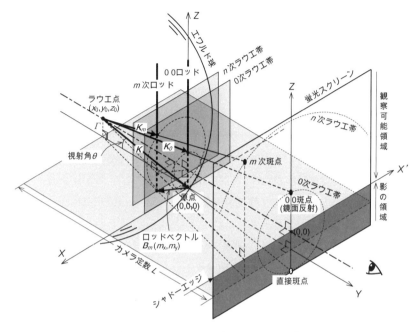

図 5.2 RHEED におけるエワルドの作図

　結晶表面を 2 次元格子とみなせば，既に述べたように 2 次元格子の逆空間に
は逆格子ロッド群が配列する．各逆格子ロッドはロッドベクトルによりその位
置が指定される．特に，逆空間の原点に直立する逆格子ロッドを 2 次元指数を
用いて００ロッドと呼ぶ．図 5.2 は００ロッド（もしくは 0 次ロッド）と第 m
番目の m 次ロッドが例として示されている．それら 0 次及び m 次の回折波が
どのような方向に反射して回折斑点を形成するかを説明する．

　図 5.2 は RHEED を想定しており，電子線の入射方位を Y 軸の正の向き
に合わせ，試料表面垂直上方を Z 軸の正の向きに取っている．m 次ロッドの
ロッドベクトルを $\boldsymbol{B}_m(m_x, m_y)$ とする．式 (3.13) では 2 次元指数 h, k を用
いたが，ここでは m_x, m_y を用いる．また，ラウエ点（試料の位置に相当）か

らY軸前方には，カメラ定数Lだけ離れた位置に蛍光スクリーンが置かれている．なお，実験観察では蛍光スクリーン上に映る回折図形をスクリーン裏面からY軸負の方向に向かって観察するため，スクリーンの水平方向の座標軸は逆空間のX軸とは反対向きとなるが，これをX'軸とする．

今，波数ベクトルKの入射電子が視射角θで試料（結晶）表面に照射されたとする．その時，入射波数ベクトルKの終点を逆格子空間の原点に合わせ，その始点（ラウエ点）を中心として半径$|K|$（$= K$）のエワルド球を描く．このエワルド球は複数の逆格子ロッドと交わる．特に００ロッドとは入射方位や視射角に関わらず常にエワルド球と交わり，ラウエ点からその交点に向けて引いたベクトルは鏡面反射の波数ベクトルK_0となる．そのベクトルK_0の延長線とスクリーンとの交点に**鏡面反射斑点**（specular spot）が現れる．これはロッド指数を用いて００斑点とも呼ばれる．

同様に，m次ロッドがエワルド球と交われば，ラウエ点からその交点に向けて引いたベクトルがm次回折波の波数ベクトルK_mとなり，その延長線とスクリーンとの交点にm次の回折斑点（$m_x\,m_y$斑点）が現れる．このようにして，エワルド球と複数の逆格子ロッドとの交点を求めることができれば，それらの回折波の波数ベクトルを求めることができ，その延長線とスクリーンとの交点が回折斑点の位置となる．

これら回折波の波数ベクトルの始点は全てラウエ点であり，図のようにX-Y平面からΓだけ浮いている．ラウエ点からY軸に平行にスクリーンに向かって引いた線とスクリーンとの交点を回折図形の原点$(0,0)$とする．Y軸とスクリーンとの交点が回折図形の原点ではないことに注意を要する．試料表面からの反射回折電子の出射はラウエ点に試料が置かれているとみなせばよい．

回折図形の原点から水平に引いたX'軸より下部は試料の影になり，回折図形は観察できない．この境界線（X'軸）を**シャドーエッジ**（shadow edge）と呼ぶ．試料サイズが小さい場合や，低視射角の場合は，有限の太さの入射電子線の一部は試料をかすめて蛍光スクリーンに到達する．この点を**直接斑点**（direct spot）と呼び，シャドーエッジ下の影の領域に現れる．この直接斑点

と鏡面反射点（００斑点）とを結ぶ線分の垂直二等分線がシャドーエッジに相当する.

逆格子ロッドやエワルド球は逆空間内の図であり，一方，蛍光スクリーンは実空間の実験観察図面である．エワルドの作図はその両空間を結びつけるものであり，図 5.2 は反射する回折波の "方向" について議論するための図である．もし，試料が表面垂直軸に対して回転した場合（入射方位を変えた場合に相当）は，００ロッドを中心軸として逆格子ロッド群を同じ角度だけ回転させ（各ロッドベクトル B_m を z 軸回りに回転させ），上記と全く同様に反射方向を求めればよい.

２次元結晶の周期性に基づき逆格子ロッドの周期的配置が決まり，回折波の反射方向がこのような簡単なエワルドの作図から求まることは大変有意義である．これにより，複雑な結晶による回折図形の解釈も可能となる．実際には回折図形に現れる回折斑点の幾何学から逆に逆格子ロッド群の配置を求め，その配置から表面原子の配列周期に関する情報を得ることになる.

図 5.2 では紙面の都合上，エワルド球の半径を比較的小さく描いたが，例えば 15 keV の高速電子の波長は約 0.1 Å なので波数ベクトルの大きさは 10 Å^{-1} となる．一方，格子定数が 4 Å の２次元格子の逆格子ロッドの周期間隔は 0.25 Å^{-1} となるため，波数ベクトルの大きさはロッド配置の周期間隔の 40 倍程度の大きさになる．したがって，ラウエ点は原点からかなり離れ，エワルド球の半径は相当大きくなる．それゆえ，ロッドを球面で切断するというより平面でほぼ垂直に切断するような感覚に近い．それが RHEED 図形は逆格子ロッドの立面投影図と呼ばれるゆえんであり，回折斑点の幾何学から２次元格子の対称性を直感的に把握することが困難となる理由でもある.

5.2　LEED におけるエワルドの作図

LEED の場合も RHEED の場合と同様に，図 5.3 に示すエワルドの作図から回折電子の反射を求めることができる．LEED で用いる入射電子エネル

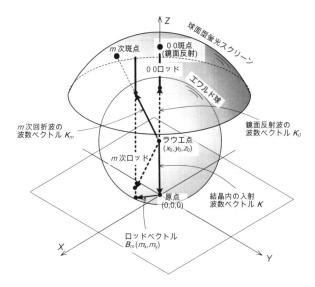

図 5.3　LEED におけるエワルドの作図

ギーは RHEED のそれよりかなり低いため，入射電子の波数ベクトル **K** は
RHEED のそれよりかなり短い．また，結晶表面に対して垂直入射のため，図
5.3 に示すように X-Y 平面内の原点に向かって真上から入射する．LEED で
用いる入射電子は，そのエネルギーが低いため，垂直入射であっても表面内部
に侵入する深さは 1nm 程度と浅い．したがって，結晶を表面の 2 次元格子と
みなすことができ，RHEED と同様に逆空間内の逆格子ロッド群を用いて回折
図形を解釈できる．

　図 5.3 においても複数の逆格子ロッドの中の m 次逆格子ロッドに注目する．
入射波数ベクトル **K** の終点を逆空間の原点に合わせ，その始点であるラウエ
点を中心に半径 |**K**| のエワルド球を描く．m 次逆格子ロッドとエワルド球と
の交点があれば，その交点に向かってラウエ点から引いたベクトルが m 次回
折波の波数ベクトル **K**ₘ であり，その方向に回折電子は反射し，蛍光スクリー
ンに衝突して回折斑点を生む．なお，1 本のロッドとエワルド球との交点は 2

つあるが，Z 座標の小さい方が前方散乱，大きい方が後方散乱に相当するため，後方散乱の方を採用する．

原点に直立する００ロッドとエワルド球との交点は鏡面反射の波数ベクトル K_0 を生むが，これは入射電子と逆向きに反射する．LEED の球面型スクリーンの中心部には電子銃が備わっているため，鏡面反射斑点は観察できない．また，球面型スクリーンによる後方散乱（あるいは背面反射）電子の取り込み角は 100° 程度である．すなわち，後方散乱電子の内，立体角 0.7π sr 程度の中に収まる回折図形を観察する．

LEED においても，反射回折電子はラウエ点に結晶試料が置かれていると考えて回折波の反射方向を考える．エワルド球の中心と球面型蛍光スクリーンの中心は一致するため，スクリーン上の回折斑点の配列は逆格子ロッドを真上から眺めた配列と相似である．したがって，回折斑点の幾何学はロッド群の平面投影図に相当し，２次元格子の対称性を直接読み取ることができる．

5.3　屈折効果を考慮した反射回折

前節では RHEED および LEED のスクリーン上の回折斑点の位置を求めたが，結晶表面での屈折効果を考慮していない．ここでは屈折効果を考慮した場合について述べる．図 5.4 は RHEED の場合について示すが，LEED の場合も同様である．図 5.4(a) に示すように屈折効果は入射電子が結晶表面内部に侵入するときと，結晶内で生まれた反射回折電子が表面から脱出するときに現れる．

入射電子の波数ベクトル K が結晶内に侵入して波数ベクトル k になるとき，図 5.4(b) に示すように入射電子の波数ベクトル K は結晶の平均内部電位 V_0 の影響によりエネルギーが増し，結晶内の波数ベクトル k は少し大きくなる．真空中と結晶内の電子波が滑らかにつながるため，両者の波数ベクトルの表面平行成分は互いに等しく（$k_t = K_t$），表面垂直成分には違いが現れ（$\gamma^2 = \Gamma^2 + U_0$），それが屈折効果となる．その結果，真空中から結晶表面に入

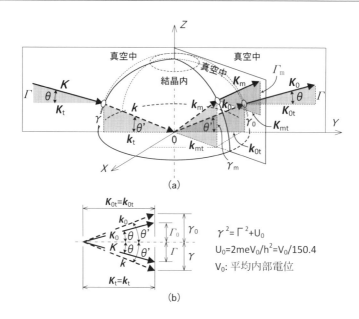

図 5.4 表面での屈折を考慮したときの反射回折図形

射する際の視射角 θ は結晶内では少し大きくなり，それをここでは θ' と記す．ただし，垂直入射の LEED では入射時の屈折効果は生じない．

　一方，結晶内で生まれる反射回折波の出射方向は前章で学んだエワルドの作図から得られるが，結晶内から真空に出射する際には屈折効果により，その出射視射角は低くなる．結晶内で極めて浅い角度で反射回折する電子は表面で全反射して真空中に出られない場合もある．

　回折強度を求める場合，運動学的計算においても屈折効果を考慮する必要はあるが，単に回折図形を求めるだけであれば，前節で述べたように屈折効果を考慮せずに真空中の波数ベクトルだけを用いてエワルドの作図から回折図形を求めることに問題ない．その理由を以下に述べる．

　結晶内の入射と反射の波数ベクトルを図 5.4 の破線の矢印で示す．ここでは，鏡面反射を k_0 で，その他の反射は m 次反射として k_m で表す．これらの

反射電子の方向は結晶内の波数ベクトルの大きさ k を半径とするエワルドの作図から求められるが,図 5.4(a) では逆空間の原点に入射電子の波数ベクトル $\boldsymbol{k}$ の終点を,反射電子の波数ベクトル $\boldsymbol{k}_0$ や $\boldsymbol{k}_m$ の始点を原点に合わせて描いた.半球内部の破線で示す矢印は結晶内の波数ベクトルであり,それらと繋がる半球外部の実線の矢印は真空中の波数ベクトルである.真空中から結晶内に入射する電子,或は結晶内で反射して真空中に出射する電子は図の半球面上で屈折が生じる.鏡面反射の波数ベクトルの成分を $\boldsymbol{k}_0 = (\boldsymbol{k}_{0t}, \gamma_0)$ とし,m 次反射のそれを $\boldsymbol{k}_m = (\boldsymbol{k}_{mt}, \gamma_m)$ とすれば,

$$k_0{}^2 = k_{0t}{}^2 + \gamma_0{}^2 \tag{5.1}$$

$$k_m{}^2 = k_{mt}{}^2 + \gamma_m{}^2 \tag{5.2}$$

が成り立つ.ここでは弾性散乱を考えているため,$|\boldsymbol{k}| = |\boldsymbol{k}_0| - |\boldsymbol{k}_m|$ の条件から,式 (5.1) と式 (5.2) の左辺は互いに等しいので

$$\gamma_m{}^2 = \gamma_0{}^2 + k_{0t}{}^2 - k_{mt}{}^2 \tag{5.3}$$

の関係が成り立つ.ただし,$\boldsymbol{k}_{0t}$ と $\boldsymbol{k}_{mt}$ はそれぞれ鏡面反射と m 次反射の波数ベクトルの表面平行成分である.このような結晶内で生まれたの反射電子は表面から脱出する際に再び屈折効果を受け,$\boldsymbol{K}_0$ あるいは $\boldsymbol{K}_m$ となって真空中に出射する.

　ここで,屈折効果により反射電子の出射方向がどのように変化するか考える.真空中の鏡面反射と m 次反射の波数ベクトルの成分をそれぞれ $\boldsymbol{K}_0 = (\boldsymbol{K}_{0t}, \Gamma_0)$ と $\boldsymbol{K}_m = (\boldsymbol{K}_{mt}, \Gamma_m)$ とすれば,

$$\Gamma_0{}^2 = \gamma_0{}^2 - U_0 \tag{5.4}$$

$$\Gamma_m{}^2 = \gamma_m{}^2 - U_0 \tag{5.5}$$

である.なお,$\boldsymbol{K}_{0t}$ と $\boldsymbol{K}_{mt}$ はそれぞれ $\boldsymbol{K}_0$ と $\boldsymbol{K}_m$ の表面平行成分である.表面平行成分の連続性から $\boldsymbol{k}_{0t} = \boldsymbol{K}_{0t}$,$\boldsymbol{k}_{mt} = \boldsymbol{K}_{mt}$ である.式 (5.5) の $\gamma_m{}^2$ に

式 (5.3) を代入し，式 (5.4) の関係を用いれば，

$$
\begin{aligned}
\Gamma_m{}^2 &= \gamma_0{}^2 + k_{0t}{}^2 - k_{mt}{}^2 - U_0 \\
&= \Gamma_0{}^2 + K_{0t}{}^2 - K_{mt}{}^2 \\
&= K_0{}^2 - K_{mt}{}^2
\end{aligned}
\tag{5.6}
$$

となる．ここで，K_{mt} は逆格子ロッドベクトル B_m と等しい．

　屈折を経て結晶内に入射する入射波数ベクトル k を用いたエワルドの作図から得られる結晶内の m 次反射電子が，再び屈折を経て真空中に出射したときの Γ_m は，結局，屈折を考えずに真空中の入射波数ベクトル K を用いてエワルドの作図から得られる m 次反射電子の Γ_m と同じであることを式 (5.6) は示している．すなわち，回折図形だけを求める場合には，屈折を考慮しないで真空中の波数ベクトルの大きさ K を半径とするエワルドの作図でよいことがわかる．ただし，それは表面が平坦な場合に限られ，入射面と出射面が異なる傾斜を有する場合は，屈折を考慮して出射方向を求める必要がある．また，回折強度を求める場合には屈折による侵入角度の変化は，運動学的解析においても影響を受けるため，結晶内の波数ベクトルを用いて計算しなければならない．

5.4　面心立方格子 (001) 表面からの反射回折図形

　ここでは具体的に面心立方格子の (001) 表面に対して，$[\bar{1}\bar{1}0]$ 方向（これを Y 軸方向とする）に向けて高速電子を視射角 θ で入射させた時の RHEED 図形について，そして低速電子をその表面に垂直に入射させた時の LEED 図形について図 5.5 を用いて説明する．多くの金属結晶に見られる面心立方格子の (001) 表面を図 5.5(a) に示す．参考までに図には 3 次元の面心立方格子も描いてある．(001) 表面の 2 次元格子は基本ベクトル a，b で表され，図では b が [110] 方位を向いている．基本ベクトル a，b は 3 次元の面心立方格子の格子定数（単位格子の一辺の長さ）の $1/\sqrt{2}$ 倍の長さで 45° 回転している．

　この (001) 表面に対する逆格子ロッドの配置を図 5.5(b) に示す．実空間内

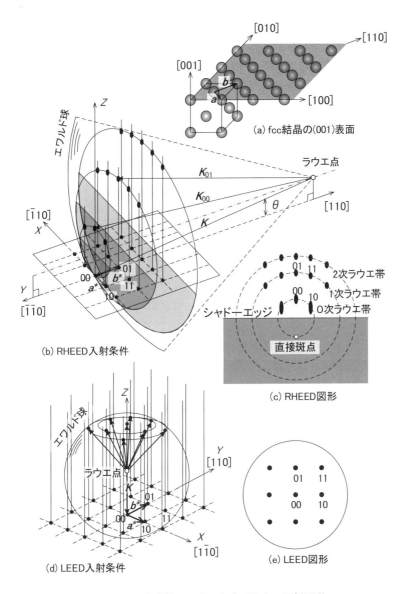

図 5.5　面心立方格子の (001) 表面からの回折図形

の基本ベクトル a, b に対し，逆空間内の基本逆格子ベクトルを a^*, b^* とする．それらの線形結合によりロッドベクトル $B_{hk}(= ha^* + kb^*)$ が得られ，その線形結合の係数 hk がロッドの指数となる．ロッドベクトルで指定される位置に逆格子ロッド群が配置する．RHEED では高速電子を用いるため，入射電子の波数ベクトル K は基本逆格子ベクトル a^*, b^* に対してかなり長い．これを $[1\bar{1}0]$ 方向に向け，その終点を原点に合わせ，その始点（ラウエ点）を中心に半径 $|K|$ のエワルド球を描く．このエワルド球は半径が大きいため，球面と言うよりもむしろ平面に近い．エワルド球と一部の逆格子ロッドは常に交わり，それらの交点に向けてラウエ点から引いたベクトルが反射回折電子の波数ベクトルとなる．反射回折電子の波数ベクトルが求まれば，その出射方向がわかる．すなわち，その波数ベクトルの延長線と蛍光スクリーンとの交点に回折斑点が現れる．

　結晶試料はラウエ点に置かれているとみなすことができる．ラウエ点から Y 軸方向に水平に蛍光スクリーンに射影した点を通り，スクリーン上の水平に引いた線はシャドーエッジとなる．シャドーエッジより上方に回折図形が現れ，それより下方は試料の影の領域になる．しかしながら，低視射角になると入射電子の一部は試料をかすめて影の領域に直接斑点を生む．

　図 5.5(c) には各反射回折電子が蛍光スクリーンに到達してできる回折斑点の配置，すなわち RHEED 図形を示す．図 5.5(b) の逆格子ロッド群の中で，電子線の入射方位に対して直交する方向に並ぶロッドの列をラウエ帯と呼ぶ．00 ロッドを含む列を 0 次ラウエ帯，続いて 01 ロッドを含む列を 1 次ラウエ帯と順に名付ける．同一ラウエ帯の逆格子ロッドから発生する回折斑点は図5.5(c) の破線で示すような同心円周上に乗る．ここで，00 ロッドから発生する 00 斑点は鏡面反射斑点である．直接斑点と鏡面反射斑点とを結ぶ線分の垂直二等分線がシャドーエッジに相当する．このように得られた回折斑点の幾何学的配置は実験観察される回折図形を再現する．

　一方，LEED では低速電子を用いるため，入射波数ベクトル K は基本逆格子ベクトル a^*, b^* の数倍程度の長さである．図 5.5(d) に示すように，電子

線を表面に対して垂直に入射するため，入射波数ベクトル K を 00 ロッドに沿ってその終点を原点に合わせる．その始点（ラウエ点）を中心に半径 $|K|$ のエワルド球を描く．エワルド球と各逆格子ロッドとの交点に向けてラウエ点から引いたベクトルが反射回折電子の波数ベクトルとなり，それらの延長線と球面型蛍光スクリーンとの交点に各回折斑点が現れる．各逆格子ロッドとエワルド球との交点は 2 つあり，Z 座標の値が小さい方の交点は前方散乱であり，大きい方の交点は後方散乱に対応するので，後者を採用する．また，00 ロッドとの交点から得られる鏡面反射電子は電子銃に向って反射するため，電子銃の陰で観察できない．それを避けるため，電子線の入射方向を表面垂直方向からわずかに傾斜させて観察する場合もある．図 5.5(e) に示すように，球面型蛍光スクリーンで観察する LEED 図形は表面真上から見た逆格子ロッド群の配置に相当する．

　以上のように，LEED 図形は逆格子ロッド群の平面投影図に相当するため，表面原子配列の対称性を直接知ることができる．それに対して，RHEED 図形は逆格子ロッド群を表面にほぼ垂直な平面に近い曲面で切断した切断点の立面投影図に相当するため，表面原子配列の対称性を直感的に把握するのは困難である．しかしながら，RHEED では表面すれすれに電子線を入射させるため，表面の原子レベルの凹凸に対して LEED より敏感である．

第6章

超構造表面からの反射回折

　現実の結晶表面は結晶内部を切り出したままの構造とは異なる表面特有な構造をとることがある．これを表面超構造と言うが，表面の2次元周期性が変化する場合には反射回折図形に超格子斑点が付加される．ここでは，表面超構造に対する逆格子ロッドと回折図形の特徴を整理する．

6.1　理想表面と表面超構造

　結晶表面の原子配列は，結晶内部を切り出したままの**理想表面**（ideal surface）の原子配列とは異なることがある．内部の原子配列とは異なる結晶表面特有の構造を，**表面超構造**（surface superstructure）と言う．切り出された表面の原子は表面上方には結合原子がなく，エネルギーの高い不安定な状況にある．特に共有結合の結晶表面の原子は，結晶内部とは異なる周期配列でエネルギー的により安定な表面超構造を形成する．

　表面超構造は二種類に分けられる．その一つは，金属結晶表面で見られるように，表面数原子層の層間距離が変化する**表面緩和**（surface relaxation）である．表面緩和の中には異種イオン原子から成るイオン結晶表面において，陽イオンと陰イオンの高さが交互に異なる**表面ランプリング**（surface rumpling）もある．

他の一つは**表面再構成**（surface reconstruction）である．これは共有結合の半導体結晶表面によく見られる．表面原子の結合手は表面上方の原子が存在しないことにより，未結合手である**ダングリングボンド**（dangling bond）が表面に多数存在し，表面エネルギーは高く不安定となる．そこで，表面エネルギーを低下させるためダングリングボンド同志は互いに結合し，表面の原子配列は再構築されて新たな2次元周期性が生まれる．

このような清浄表面以外にも，異種原子を表面に蒸着させた時に，特有の吸着配置を伴った表面超構造を形成することもある．さらに原子吸着を続ければ薄膜が形成される．薄膜の成長様式は，成長温度や成長速度そして基板の元素や結晶面さらには表面構造などに依存して，**3次元島成長**（Volmer-Weber mechanism），2次元島の**層状成長**（Frank-van der Merwe mechanism），そして最初層状成長した後に3次元島成長する**ストランスキー・クラスタノフ成長**（Stranski-Krastanov mechanism）に大別され，その観察には RHEED 法が一般に用いられる．

今日の電子デバイスは高機能化を目指し，ナノサイズレベルの微細化・薄膜化へと進展しており，結晶表面構造の演ずる役割は益々大きくなっている．デバイスの作成や開発には表面構造を制御することが大変重要であり，同時にその原子配列を観察・評価する手法は欠かせない．

6.2 表面構造の表示法

結晶表面の構造は必ずしも結晶内部の構造から予想されるものとは限らない．また，異種原子を吸着させると表面に新たな周期構造が現れる場合もある．これら表面超構造の表示法を述べる．結晶内部から切り出されたままの理想表面の2次元格子の基本ベクトルを a, b とし，超構造表面の基本ベクトルを a_s, b_s とすれば，それぞれの表面の2次元格子点の位置ベクトルは，

$$r = ma + nb \qquad (m, n \text{ は整数}) \tag{6.1}$$

$$r_s = m_s a_s + n_s b_s \qquad (m_s, n_s \text{は整数}) \tag{6.2}$$

で表される．表面超構造を記述する**ウッドの記法**（Wood's notation）[10]
では $p = |\boldsymbol{a}_s|/|\boldsymbol{a}|$, $q = |\boldsymbol{b}_s|/|\boldsymbol{b}|$ から得られる p, q を用いて表面超構造を
X($h\,k\,l$)$p{\times}q$–R$\varphi°$ と表記する．X($h\,k\,l$) は結晶の元素名 X とその表面のミ
ラー指数 ($h\,k\,l$) を表す．R$\varphi°$ は表面超構造の単位格子が理想表面の単位格子
から $\varphi°$ 回転している場合に，Rotation の R と回転角 $\varphi°$ を用いて表記する
が，省略する場合もある．吸着元素 A が表面超構造を形成する場合は，さらに
吸着元素 A も付して X($h\,k\,l$)$p{\times}q$–R$\varphi°$–A と表記する．なお，正式には $p{\times}q$
の部分を丸括弧で挟んで ($p{\times}q$) と表記するが，括弧を省略することも多く，こ
ここでは特別な場合を除き省略する．

　ウッドの表記以外に**行列による記法**（matrix notation）もある．これは，

$$\begin{pmatrix} \boldsymbol{a}_s \\ \boldsymbol{b}_s \end{pmatrix} = \boldsymbol{G} \begin{pmatrix} \boldsymbol{a} \\ \boldsymbol{b} \end{pmatrix} \tag{6.3}$$

のように理想表面の基本ベクトルから超構造表面の基本ベクトルに変換する行
列 $\boldsymbol{G}$ を用いて表面超構造を表記するものである．この変換行列 $\boldsymbol{G}$ を用いれ
ば，単位格子のサイズのみならず，回転も表現できる利便性がある．

　表面超構造の具体例として，正方格子の場合について図 6.1 に示す．図の上
段の (a)〜(f) には表面真上から眺めた実空間における各種表面構造の格子点
の配置を示す．黒点は基本ベクトル $\boldsymbol{a}$, $\boldsymbol{b}$ で表される理想表面の格子点（実格
子点）であり，黒点より少し大きな丸は超構造表面の基本ベクトル $\boldsymbol{a}_s$, $\boldsymbol{b}_s$ で
表される格子点を表す．また，その下にはウッドの記法と行列による記法で超
構造の周期性が示されている．黒点は基板結晶表面の原子配置で，少し大きな
丸は吸着原子の配置と考えてもよい．

　一方，図 6.1 の下段の (g)〜(l) には逆空間における表面真上から眺めた逆格
子ロッドの配置を示す．これらは LEED の回折斑点の幾何学と同じであり，
外周を蛍光スクリーンに見立てた円で囲んだ．黒点は理想表面の実格子点から
導かれる逆格子ロッドの配置を示し，基本逆格子ベクトル $\boldsymbol{a}^*$, $\boldsymbol{b}^*$ で表される．
少し大きな丸は超構造表面の格子点から導かれる逆格子ロッドの配置を示し，
基本逆格子ベクトル $\boldsymbol{a}_s^*$, $\boldsymbol{b}_s^*$ で表される．なお，図下段の逆格子ロッドの配置

(g)〜(l) は図上段の格子点の配置 (a)〜(f) にそれぞれ対応する.

　図 6.1(a) は，理想表面の格子点の配置であり，1×1 構造と表記し，変換行列は $\begin{pmatrix} 1 & 0 \\ 0 & 1 \end{pmatrix}$ で表される．吸着表面であっても基板原子の周期性と同じ吸着原子配列であれば 1×1 構造と呼ぶ．この場合の逆格子ロッドの配置は，(g) に示すように理想表面の基本逆格子ベクトル $\boldsymbol{a}^*$, $\boldsymbol{b}^*$ で表される．基本逆格子ベクトル $\boldsymbol{a}^*$, $\boldsymbol{b}^*$ の大きさは，基本ベクトル $\boldsymbol{a}$, $\boldsymbol{b}$ の大きさの逆数である．ここで図 (g) の反射指数 10，11，01 の各ロッドベクトルは，図 (a) の破線で示す各格子点列の列間隔 d_{10}, d_{11}, d_{01} の逆数の大きさを持ち，各格子点列に垂直方向の向きを持つベクトルとして理解できる.

　図 (b) と図 (c) は，$\boldsymbol{b}$ 方向あるいは $\boldsymbol{a}$ 方向が 2 倍の単位格子を有するため 1×2 あるいは 2×1 と表記し，変換行列では $\begin{pmatrix} 1 & 0 \\ 0 & 2 \end{pmatrix}$ あるいは $\begin{pmatrix} 2 & 0 \\ 0 & 1 \end{pmatrix}$ で表される．2 倍周期の方向の基本逆格子ベクトルは半分の長さになるため，図 (h)，図 (i) に示すようにその方向には 1/2 次の逆格子ロッドが現れる.

　図 (d) と図 (e) は，ともに基本ベクトル $\boldsymbol{a}$, $\boldsymbol{b}$ の 2 倍の長さの $\boldsymbol{a}_s$, $\boldsymbol{b}_s$ であるため，2×2 構造と表記されるが，図 (e) の方は，単位格子の中心にも格子点があるため面心の 2×2，すなわち $c(2×2)$ と表記し，図 (d) の超構造とは区別される．ここで c は centered の頭文字を意味し，面心を表す．図 (e) の $c(2×2)$ 超構造は，基本（プリミティブな）単位格子ではないため，その逆格子ロッドは図 (j) と異なり，図 (k) に示すように $\frac{1}{2}0$ や $0\frac{1}{2}$ のような逆格子ロッドは禁制反射のため現れない．そこで，図 (f) に示す $\sqrt{2}×\sqrt{2}$–R45° となるように基本ベクトルの $\sqrt{2}$ 倍で 45° 回転した $\boldsymbol{a}_s$, $\boldsymbol{b}_s$ を採用すれば，基本（プリミティブな）単位格子となるため禁制反射を考える必要はなくなる．このように，同じ表面超構造であっても図 (e) と図 (f) のように単位格子の取り方は一つではなく，どちらを採用するかは座標軸の回転を避けたいか，禁制反射を避けたいかによる.

　六方格子の場合の各種超構造とその逆格子ロッドについては図 6.1 と同様な方法で図 6.2 に示す．図 (a) は，理想表面の格子配列と同じ周期の 1×1 構造

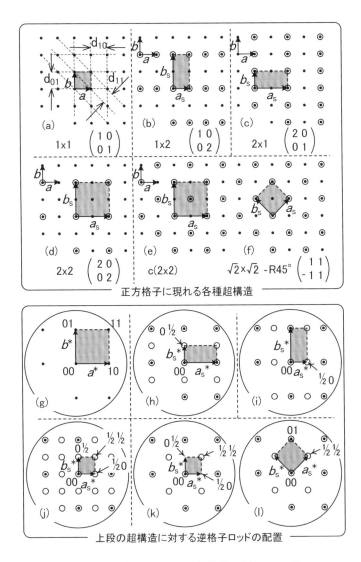

正方格子に現れる各種超構造

上段の超構造に対する逆格子ロッドの配置

図 6.1　正方格子に現れる超構造と逆格子ロッド

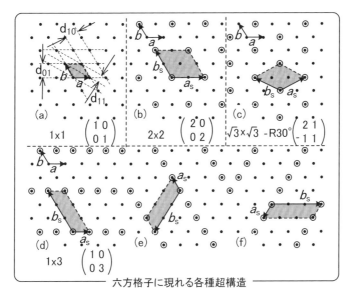

六方格子に現れる各種超構造

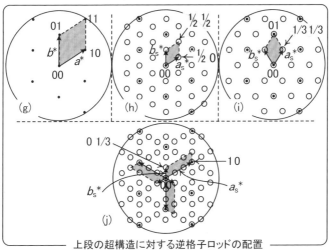

上段の超構造に対する逆格子ロッドの配置

図 6.2 六方格子に現れる超構造と逆格子ロッド

であり，その逆格子ロッドは図 (g) に示すように，基本逆格子ベクトル a^*, b^* で表される逆格子ロッドの配置となる．基本逆格子ベクトル a^*, b^* のなす角は 60° であり，それらの大きさは $\frac{2}{a\sqrt{3}}$ である．図 (g) の反射指数 10，11，01 の各ロッドベクトルは図 (a) の破線で示す各格子点列の列間隔 d_{10}，d_{11}，d_{01} の逆数の大きさを持ち，各格子点列に垂直方向の向きを持つベクトルである．

　図 (b) のように理想表面の 2 倍の単位格子の超構造の場合は 2×2 と表記し，図 (h) に示すように基本逆格子ベクトルは図 (g) の半分の長さとなるため，1/2 次の逆格子ロッドが現れる．

　図 (c) は，理想表面の単位格子に対して 30° 回転し，基本ベクトルの長さが $\sqrt{3}$ 倍となる超構造であり，$\sqrt{3}\times\sqrt{3}$–R30° と表記する．半導体表面上の金属吸着によく見られる吸着構造である．この超構造の基本逆格子ベクトルは図 (i) に示すように図 (g) のそれより大きさが $1/\sqrt{3}$ 倍で，かつ 30° 回転する．

　図 (d) の超構造は，理想表面と比べて b 方向が 3 倍に延びた 1×3 構造である．六方格子上に 1×3 超格子構造が存在すれば，対称性から 120° づつ回転した図 (e) や図 (f) の超構造も同じ確率で存在する．したがって，このような 3 つの回転した 1×3 超構造の逆格子ロッドが重なった図 (j) の回折図形が実験で観察される．

6.3　超構造表面からの回折図形

　面心立方格子の (0 0 1) 表面から得られる RHEED 図形と LEED 図形については前章の図 5.5 で述べた．ここではこの表面に 2×1 超構造が現れた場合の回折図形を考える．例えば図 6.3(a) に示すように，[1 1 0] 方向に並ぶ原子列が一列おきに [$\bar{1}$ 1 0] 方向と [1 $\bar{1}$ 0] 方向に変位して [1 1 0] 方向に二量体すなわち**ダイマー**（dimer）の列が形成される場合である．この表面の単位格子は $a_s = 2a$，$b_s = b$ となり，[1 $\bar{1}$ 0] 方向の配列周期が 2 倍となる 2×1 超構造が形成される．この 2×1 表面超構造の逆空間は，図 (b) に示すように $a_s{}^* = a^*/2$，$b_s{}^* = b^*$ のように [1 $\bar{1}$ 0] 方向の逆格子ロッドの配列周期が半分となる．すな

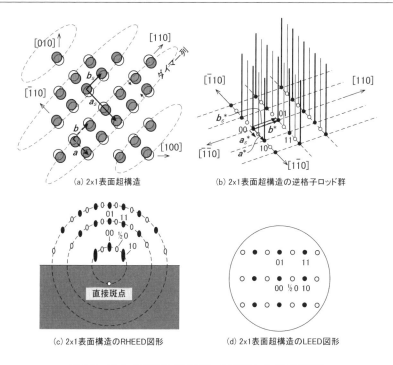

(a) 2×1表面超構造

(b) 2×1表面超構造の逆格子ロッド群

(c) 2×1表面構造のRHEED図形

(d) 2×1表面超構造のLEED図形

図 6.3　面心立方格子 (0 0 1)2×1 表面からの回折図形

わち，$[1\bar{1}0]$ 方向に 1/2 次の超格子ロッド（白丸）が整数次ロッド（黒丸）の間に現れる．このような逆格子ロッド群に対し，エワルドの作図から回折図形を求めれば，図 (c) に示すように $[\bar{1}\bar{1}0]$ 入射方位の RHEED 図形では各次ラウエ帯上の整数次斑点（黒丸）の間に 1/2 次の超格子斑点（白丸）が出現する．同様に LEED 図形の場合も図 (d) に示すように，例えば 0 0 斑点と 1 0 斑点の間に $\frac{1}{2}$ 0 斑点が現れる．

　清浄な Si の (001) 表面にはこのような**ダイマー列**の形成により 2×1 表面超構造が現れる．しかしながら，表面にはステップが数多く存在し，1 原子高さのステップにより隔てられる両テラス表面の原子配列の位相は 90° 回転するため，両テラス表面に形成されるダイマー列も 90° 回転する．すなわち，表

面には 2×1 超構造が存在する**分域**（或は**ドメイン**（domain））と 1×2 超構造
が存在する分域が共存する．これを**二重分域**あるいは**ダブルドメイン**（double
domain）表面と言う．一般に電子線が照射される領域にはこれらのドメイン
が数多く含まれるため，回折図形には 2×1 超構造と 1×2 超構造の重なった回
折斑点が現れる．この回折図形は 2×2 超構造と似ているため間違えやすい．
ダブルドメインの 2×1 超構造では図 6.1 の図 (h) と (i) を重ねた回折図形と
なり，$\frac{1}{2}\,\frac{1}{2}$ 斑点およびそれと等価な超格子斑点は現れない．しかしながら，図
6.1(j) の 2×2 超構造ではそのような超格子斑点が現れるため，両者の表面超
構造を見分けることができる．

第7章

運動学的理論

これまでは回折図形の幾何学について述べたが，ここでは散乱強度を求めるための基礎的事項を述べる．静電ポテンシャルによる散乱波をボルン近似から求め，原子散乱因子を導く．

7.1 散乱波の干渉

1個の散乱体に電子波（1次波）が入射すると，そこを中心に散乱波（2次波）が球面波として発生する．散乱波の振幅は1次波の振幅と散乱体の**散乱能**（入射波を散乱する能力）に比例し，また1次波の位相に対して一定の位相を持つ．多数の散乱体があればそれぞれから発生する2次波は互いに干渉し，回折現象を示す．実は，2次波が更に散乱体に当たれば3次波，4次波を生むとともに1次波の強度減衰も生ずるため厳密な回折強度を求めることは簡単ではない．このような多重散乱を議論する**動力学的理論**があるが，ここでは，2次波までの1回散乱を考え，1次波の減衰は考えない**運動学的理論**について述べる．即ち，1次波より比較的弱い2次波が発生する場合について考える．

入射電子波の波動関数は

$$e^{2\pi i \boldsymbol{K_0} \cdot \boldsymbol{r}}$$

$$(7.1)$$

の平面波を考える．$\boldsymbol{K_0}$ は電圧 E で加速された入射電子の波数ベクトルであ

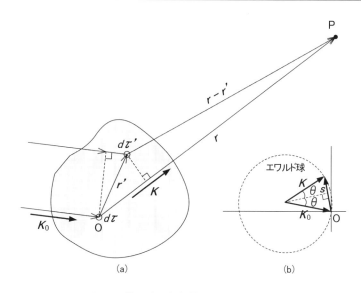

図 7.1　散乱波の位相差と散乱ベクトル s

り，その大きさは入射電子波の波長 λ の逆数として

$$K_0 = \frac{1}{\lambda} = \sqrt{\frac{2m_0 eE}{h^2}} \tag{7.2}$$

で定義される．また，波数ベクトルの向きは電子の進行方向にとる．電子の加速電圧は数十 kV 程度以下を考えるため，特殊相対論補正のない式 (7.2) を用いる．物性学の分野では波数ベクトルの大きさを $2\pi/\lambda$ のように 2π を付けて定義するが，本書では空間周波数の $1/\lambda$ で定義している．したがって，位相を議論する場合には 2π を掛けて数式展開する．

　図 7.1 に示すように，入射電子波が空間座標の原点に位置する体積素片 $d\tau$ の散乱体にあたり，そこで散乱する球面波が観測点 P の方向に進む場合について考える．入射波及び散乱波の波数ベクトルをそれぞれ K_0 と K で示すが，ここでは弾性散乱を考えているため両者の大きさは等しく

$$K = K_0 \tag{7.3}$$

である．散乱波の波動関数は原点上の散乱体の単位体積あたりの散乱能 $g(0)$ に比例し，距離 r に反比例するため，

$$\frac{e^{2\pi iKr}}{r}g(0)d\boldsymbol{\tau} \tag{7.4}$$

の球面波となる．

今，図 7.1 に示すように原点から $\boldsymbol{r}'$ だけ離れた体積素片 $d\boldsymbol{\tau}'$ による散乱を考える．そこに入射する波の位相は原点位置に入射する波と比べ，$2\pi\boldsymbol{K}_0\cdot\boldsymbol{r}'$ だけ進む．散乱後，点 P に到達するまでに散乱波の位相は更に $2\pi K|\boldsymbol{r}-\boldsymbol{r}'|$ だけ進む．従って，$d\boldsymbol{\tau}'$ で散乱した散乱波の波動関数は点 P において

$$\frac{e^{2\pi i(\boldsymbol{K}_0\cdot\boldsymbol{r}'+K|\boldsymbol{r}-\boldsymbol{r}'|)}}{|\boldsymbol{r}-\boldsymbol{r}'|}g(\boldsymbol{r}')d\boldsymbol{\tau}' \tag{7.5}$$

となる．ここで，$r \gg r'$ とすれば，

$$K|\boldsymbol{r}-\boldsymbol{r}'| \cong Kr - \boldsymbol{K}\cdot\boldsymbol{r}' \tag{7.6}$$

及び

$$|\boldsymbol{r}-\boldsymbol{r}'| \cong r \tag{7.7}$$

の近似式が成り立つので，式 (7.5) の点 P での散乱波の波動関数は

$$\frac{e^{2\pi i(\boldsymbol{K}_0\cdot\boldsymbol{r}'+Kr-\boldsymbol{K}\cdot\boldsymbol{r}')}}{|\boldsymbol{r}-\boldsymbol{r}'|}g(\boldsymbol{r}')d\boldsymbol{\tau}' = e^{2\pi iKr}\frac{e^{-2\pi i(\boldsymbol{K}-\boldsymbol{K}_0)\cdot\boldsymbol{r}'}}{r}g(\boldsymbol{r}')d\boldsymbol{\tau}'$$

$$= e^{2\pi iKr}\frac{e^{-2\pi i\boldsymbol{s}\cdot\boldsymbol{r}'}}{r}g(\boldsymbol{r}')d\boldsymbol{\tau}' \tag{7.8}$$

となる．散乱波の波数ベクトル $\boldsymbol{K}$ と入射波の波数ベクトル $\boldsymbol{K}_0$ の差は，図 7.1(b) に示すように**散乱ベクトル $\boldsymbol{s}$** と定義され，

$$\boldsymbol{s} \equiv \boldsymbol{K} - \boldsymbol{K}_0 \tag{7.9}$$

である．

　散乱体が連続的に分布する場合，次式のように式 (7.8) を散乱体全体にわたり積分すれば点 P における合成散乱波の波動関数が求まる．

$$\frac{e^{2\pi i K r}}{r} \int e^{-2\pi i \boldsymbol{s}\cdot\boldsymbol{r'}} g(\boldsymbol{r'}) d\boldsymbol{\tau'} = \frac{e^{2\pi i K r}}{r} G(\boldsymbol{s}). \tag{7.10}$$

ここで，

$$G(\boldsymbol{s}) \equiv \int e^{-2\pi i \boldsymbol{s}\cdot\boldsymbol{r'}} g(\boldsymbol{r'}) d\boldsymbol{\tau'} \tag{7.11}$$

とおいた．この $G(\boldsymbol{s})$ を**散乱振幅**と呼ぶ．式 (7.10) からわかるように合成散乱波も球面波となり，その振幅は $G(\boldsymbol{s})/r$ で与えられるため点 P での散乱波の強度は

$$I(\boldsymbol{s}) = \frac{G(\boldsymbol{s})G^*(\boldsymbol{s})}{r^2} \tag{7.12}$$

となり，散乱ベクトル $\boldsymbol{s}$ に依存する．

7.2　Ｂｏｒｎの第一次近似とＧｒｅｅｎ関数

　電圧 E で加速された電子波が**静電ポテンシャル** $V(\boldsymbol{r})$ によって散乱されるとき，電子の波動関数 $\psi(\boldsymbol{r})$ が満たす**シュレーディンガー方程式**（Schrödinger equation）は，次式で与えられる．

$$-\frac{\hbar^2}{2m_0}\nabla^2\psi(\boldsymbol{r}) + eV(\boldsymbol{r})\psi(\boldsymbol{r}) = eE\psi(\boldsymbol{r}). \tag{7.13}$$

ここで，$\hbar$ はディラック定数（$\hbar = \frac{h}{2\pi}$），m_0 は電子の静止質量，そして e は素電荷である．以下の変数変換

$$K_0^2 = \frac{2m_0 eE}{h^2}, \quad U(\boldsymbol{r}) = \frac{2m_0 eV(\boldsymbol{r})}{h^2} \tag{7.14}$$

を行い，式 (7.13) を整理すれば，

$$(\nabla^2 + 4\pi^2 K_0^2)\psi(\boldsymbol{r}) = 4\pi^2 U(\boldsymbol{r})\psi(\boldsymbol{r}) \tag{7.15}$$

となる．ここで，電子の波動関数 $\psi(\boldsymbol{r})$ は入射電子の波動関数 $\psi_0(\boldsymbol{r})$ と散乱電子の波動関数 $\phi(\boldsymbol{r})$ の和であるため，

$$\psi(\boldsymbol{r}) = \psi_0(\boldsymbol{r}) + \phi(\boldsymbol{r}). \tag{7.16}$$

で表される．

$\psi_0(\boldsymbol{r})$ は散乱点手前の十分離れたところ，即ち $U(\boldsymbol{r}) = 0$ の場所の入射電子の波動関数であるため，式 (7.15) から

$$(\nabla^2 + 4\pi^2 K_0^2)\psi_0(\boldsymbol{r}) = 0 \tag{7.17}$$

を満足する．上式の解，すなわち入射電子の波動関数 $\psi_0(\boldsymbol{r})$ は，振幅を 1 とすれば

$$\psi_0(\boldsymbol{r}) = e^{2\pi i \boldsymbol{K_0}\cdot\boldsymbol{r}} \tag{7.18}$$

である．

次に式 (7.15) を解いて散乱電子の波動関数 $\phi(\boldsymbol{r})$ を求める．式 (7.16) を式 (7.15) に代入し，式 (7.17) の関係を用いれば，

$$(\nabla^2 + 4\pi^2 K_0^2)\phi(\boldsymbol{r}) = 4\pi^2 U(\boldsymbol{r})\psi(\boldsymbol{r}) \tag{7.19}$$

となり，さらに $F(\boldsymbol{r}) \equiv 4\pi^2 U(\boldsymbol{r})\psi(\boldsymbol{r})$ と置けば

$$(\nabla^2 + 4\pi^2 K_0^2)\phi(\boldsymbol{r}) = F(\boldsymbol{r}) \tag{7.20}$$

となる．式 (7.20) を解いて散乱波 $\phi(\boldsymbol{r})$ を求めるため，次式を満たすグリーン関数 $G(\boldsymbol{r},\boldsymbol{r}')$ を導入する．

$$(\nabla^2 + 4\pi^2 K_0^2)G(\boldsymbol{r},\boldsymbol{r}') = \delta(\boldsymbol{r} - \boldsymbol{r}'). \tag{7.21}$$

この $G(\boldsymbol{r},\boldsymbol{r}')$ を用いれば，散乱波の波動関数 $\phi(\boldsymbol{r})$ は，

$$\phi(\boldsymbol{r}) = \int F(\boldsymbol{r}')G(\boldsymbol{r},\boldsymbol{r}')d\boldsymbol{\tau}' \tag{7.22}$$

のように散乱体のポテンシャルの及ぶ空間全体を積分すれば散乱波が得られる．参考までに式 (7.22) が式 (7.20) の解であることを以下に示す．

....
式 (7.22) を式 (7.20) の左辺に代入して計算すれば

$$(\nabla^2 + 4\pi^2 K_0^2) \int F(\boldsymbol{r}')G(\boldsymbol{r},\boldsymbol{r}')d\boldsymbol{\tau}'$$

$$= \int F(\boldsymbol{r}')(\nabla^2 + 4\pi^2 K_0^2)G(\boldsymbol{r},\boldsymbol{r}')d\boldsymbol{\tau}'$$

$$= \int F(\boldsymbol{r}')\delta(\boldsymbol{r} - \boldsymbol{r}')d\boldsymbol{\tau}'$$

$$= F(\boldsymbol{r})$$

のように式 (7.20) の右辺となり，式 (7.22) は式 (7.20) を満たすことがわかる．
....

ここで，式 (7.21) を満たすグリーン関数 $G(\boldsymbol{r},\boldsymbol{r}')$ は，

$$G(\boldsymbol{r},\boldsymbol{r}') = \frac{e^{2\pi i K|\boldsymbol{r}-\boldsymbol{r}'|}}{4\pi|\boldsymbol{r} - \boldsymbol{r}'|} \tag{7.23}$$

であり，これは点 $\boldsymbol{r}'$ から発散する球面波を表す．参考までに式 (7.23) の証明を以下に示すが，かなり数学的内容になるので読み飛ばしても構わない．

....
[証明]　グリーン関数 $G(\boldsymbol{r},\boldsymbol{r}')$ をフーリエ展開すれば

$$G(\boldsymbol{r},\boldsymbol{r}') = \int A(\boldsymbol{K})e^{2\pi i \boldsymbol{K}\cdot(\boldsymbol{r}-\boldsymbol{r}')}d\boldsymbol{K}_\tau.$$

ただし，$d\boldsymbol{K}_\tau$ は K 空間における体積素片を表す．これを式 (7.21) の左辺に代入すると

$$(\nabla^2 + 4\pi^2 K_0^2)G(\boldsymbol{r},\boldsymbol{r}')$$

$$= \int A(\boldsymbol{K})(\nabla^2 + 4\pi^2 K_0^2)e^{2\pi i \boldsymbol{K}\cdot(\boldsymbol{r}-\boldsymbol{r}')}d\boldsymbol{K}_\tau$$

$$= \int A(\boldsymbol{K})4\pi^2(K_0^2 - K^2)e^{2\pi i \boldsymbol{K}\cdot(\boldsymbol{r}-\boldsymbol{r}')}d\boldsymbol{K}_\tau$$

となる．一方，式 (7.21) の右辺のデルタ関数をフーリエ展開すると

$$\delta(\boldsymbol{r} - \boldsymbol{r}') = \int e^{2\pi i \boldsymbol{K}\cdot(\boldsymbol{r}-\boldsymbol{r}')}d\boldsymbol{K}_\tau$$

である．これらの結果を用いて式 (7.21) を書き直せば

$$\int A(\boldsymbol{K})4\pi^2(K_0^2 - K^2)e^{2\pi i \boldsymbol{K}\cdot(\boldsymbol{r}-\boldsymbol{r}')}d\boldsymbol{K}_\tau = \int e^{2\pi i \boldsymbol{K}\cdot(\boldsymbol{r}-\boldsymbol{r}')}d\boldsymbol{K}_\tau$$

$$\int \{4\pi^2 A(\boldsymbol{K})(K_0^2 - K^2) - 1\}e^{2\pi i \boldsymbol{K}\cdot(\boldsymbol{r}-\boldsymbol{r}')}d\boldsymbol{K}_\tau = 0.$$

$$\therefore A(\boldsymbol{K}) = \frac{1}{4\pi^2(K_0^2 - K^2)}.$$

のようにフーリエ係数が求まるので，グリーン関数は

$$G(\boldsymbol{r}, \boldsymbol{r}') = -\frac{1}{4\pi^2} \int \frac{e^{2\pi i \boldsymbol{K} \cdot (\boldsymbol{r} - \boldsymbol{r}')}}{K^2 - K_0^2} d\boldsymbol{K}_\tau$$

となる．K 空間にわたる積分では，図 7.2 に示すように，$\boldsymbol{r} - \boldsymbol{r}' = \boldsymbol{\rho}$ と置き，$\boldsymbol{\rho}$ を極軸として極角 θ を用いれば $\boldsymbol{K} \cdot (\boldsymbol{r} - \boldsymbol{r}') = K\rho\cos\theta$, $d\boldsymbol{K}_\tau = K^2 \sin\theta d\varphi d\theta dK$ の関係からグリーン関数は更に以下のように計算される．

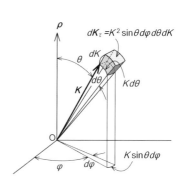

図 7.2　K 空間における体積素片

$$G(\boldsymbol{r}, \boldsymbol{r}') = -\frac{1}{4\pi^2} \int_0^\infty \int_0^\pi \int_0^{2\pi} \frac{e^{2\pi i K\rho\cos\theta}}{K^2 - K_0^2} K^2 \sin\theta d\varphi d\theta dK$$

$$= -\frac{2\pi}{4\pi^2} \int_0^\infty \int_0^\pi \frac{e^{2\pi i K\rho\cos\theta}}{K^2 - K_0^2} K^2 \sin\theta d\theta dK$$

$$= \frac{1}{2\pi} \int_0^\infty \frac{1}{2\pi i K\rho} \Big[e^{2\pi i K\rho\cos\theta} \Big]_0^\pi \frac{K^2}{K^2 - K_0^2} dK$$

$$= \frac{1}{(2\pi)^2} \int_0^\infty \frac{e^{-2\pi i K\rho} - e^{2\pi i K\rho}}{i\rho} \frac{K}{K^2 - K_0^2} dK$$

$$= \frac{1}{(2\pi)^2 i\rho} \Big(\int_0^\infty \frac{K e^{2\pi i K\rho}}{K^2 - K_0^2} dK - \int_0^\infty \frac{K e^{2\pi i K\rho}}{K^2 - K_0^2} dK \Big)$$

$$= -\frac{1}{(2\pi)^2 i\rho} \int_{-\infty}^\infty \frac{K}{(K + K_0)(K - K_0)} e^{2\pi i K\rho} dK$$

$$= -\frac{1}{(2\pi)^2 i\rho} \int_{-\infty}^\infty \frac{1}{2} \Big(\frac{1}{K + K_0} + \frac{1}{K - K_0} \Big) e^{2\pi i K\rho} dK$$

$$= -\frac{1}{(2\pi)^2 i\rho} \frac{1}{2} 2\pi i \Big(e^{-2\pi i K_0\rho} + e^{2\pi i K_0\rho} \Big) \qquad (\because 留数定理より)$$

$$= -\frac{1}{4\pi\rho} e^{2\pi i K_0\rho} \quad (\because 上式第 2 項目の外向きの進行波のみを採用)$$

$$= -\frac{e^{2\pi i K_0 |\boldsymbol{r} - \boldsymbol{r}'|}}{4\pi |\boldsymbol{r} - \boldsymbol{r}'|} \qquad\qquad [証明終わり]$$

式 (7.23) のグリーン関数を式 (7.22) に代入して散乱波の波動関数を求めれば，

$$\phi(\boldsymbol{r}) = \int F(\boldsymbol{r}')G(\boldsymbol{r},\boldsymbol{r}')d\boldsymbol{\tau}'$$

$$= -\int 4\pi^2 U(\boldsymbol{r}')\psi(\boldsymbol{r}')\frac{e^{2\pi i K_0|\boldsymbol{r}-\boldsymbol{r}'|}}{4\pi|\boldsymbol{r}-\boldsymbol{r}'|}d\boldsymbol{\tau}'$$

$$= -\int \pi\frac{2m_0 e}{h^2}V(\boldsymbol{r}')\psi(\boldsymbol{r}')\frac{e^{2\pi i K_0|\boldsymbol{r}-\boldsymbol{r}'|}}{|\boldsymbol{r}-\boldsymbol{r}'|}d\boldsymbol{\tau}'.$$

弾性散乱を考えているため，入射波の波数と散乱波の波数は等しく，$K_0 = K$ なので

$$\phi(\boldsymbol{r}) = -\int \frac{2\pi m_0 e}{h^2}\frac{e^{2\pi i K|\boldsymbol{r}-\boldsymbol{r}'|}}{|\boldsymbol{r}-\boldsymbol{r}'|}V(\boldsymbol{r}')\psi(\boldsymbol{r}')d\boldsymbol{\tau}'. \tag{7.24}$$

以上，まとめると

$$\psi(\boldsymbol{r}) = \psi_0(\boldsymbol{r}) + \phi(\boldsymbol{r})$$

$$= e^{2\pi i \boldsymbol{K}_0\cdot\boldsymbol{r}} - \frac{2\pi m_0 e}{h^2}\int \frac{e^{2\pi i K|\boldsymbol{r}-\boldsymbol{r}'|}}{|\boldsymbol{r}-\boldsymbol{r}'|}V(\boldsymbol{r}')\psi(\boldsymbol{r}')d\boldsymbol{\tau}' \tag{7.25}$$

で表される．

　ここで，散乱波の式 (7.24) の厳密解を求めることは困難であるため，式 (7.26) に示すボルンの第一近似を適用する．これは散乱波 $\phi(\boldsymbol{r})$ が入射波 $\psi_0(\boldsymbol{r})$ に比べて極めて弱い場合，すなわち $|V(\boldsymbol{r})| \ll E$ の場合に成立する近似である．その場合，式 (7.24) の中の $\psi(\boldsymbol{r}')$ は次式のように入射波で近似できる．

$$\psi(\boldsymbol{r}') = \psi_0(\boldsymbol{r}') + \phi(\boldsymbol{r}') \simeq \psi_0(\boldsymbol{r}') = e^{2\pi i \boldsymbol{K}_0\cdot\boldsymbol{r}'}. \tag{7.26}$$

さらに図 7.1 に示すように，$|\boldsymbol{r}| \gg |\boldsymbol{r}'|$ のため，$K|\boldsymbol{r}-\boldsymbol{r}'| \simeq Kr - \boldsymbol{K}\cdot\boldsymbol{r}'$ 及び

$|\boldsymbol{r} - \boldsymbol{r}'| \cong r$ の近似ができるので，散乱電子の波動関数の式 (7.24) は

$$
\begin{aligned}
\phi(\boldsymbol{r}) &= -\frac{2\pi m_0 e}{h^2} \int \frac{e^{2\pi i(Kr - \boldsymbol{K}\cdot\boldsymbol{r}')}}{r} V(\boldsymbol{r}') e^{2\pi i \boldsymbol{K}_0 \cdot \boldsymbol{r}'} d\boldsymbol{\tau}' \\
&= -\frac{e^{2\pi i Kr}}{r} \frac{2\pi m_0 e}{h^2} \int e^{-2\pi i(\boldsymbol{K}-\boldsymbol{K}_0)\cdot\boldsymbol{r}'} V(\boldsymbol{r}') d\boldsymbol{\tau}' \\
&= -\frac{e^{2\pi i Kr}}{r} \frac{2\pi m_0 e}{h^2} \int e^{-2\pi i \boldsymbol{s}\cdot\boldsymbol{r}'} V(\boldsymbol{r}') d\boldsymbol{\tau}' \\
&= \frac{e^{2\pi i Kr}}{r} \Phi(\boldsymbol{s})
\end{aligned}
\tag{7.27}
$$

となる．ただし，$\boldsymbol{s}$ は図 7.1(b) に示す散乱ベクトルであり，回折角（あるいは散乱角）2θ の半分の角度（ブラッグ角）θ を用いて

$$
\boldsymbol{s} = \boldsymbol{K} - \boldsymbol{K}_0 = 2\frac{\sin\theta}{\lambda}
\tag{7.28}
$$

である．$\Phi(\boldsymbol{s})$ は散乱振幅であり（前節の $G(\boldsymbol{s})$ に相当する），

$$
\begin{aligned}
\Phi(\boldsymbol{s}) &\equiv -\frac{2\pi m_0 e}{h^2} \int V(\boldsymbol{r}') e^{-2\pi i \boldsymbol{s}\cdot\boldsymbol{r}'} d\boldsymbol{\tau}' \\
&\left(= -\pi \int U(\boldsymbol{r}') e^{-2\pi i \boldsymbol{s}\cdot\boldsymbol{r}'} d\boldsymbol{\tau}' \right)
\end{aligned}
\tag{7.29}
$$

である．散乱振幅 $\Phi(\boldsymbol{s})$ は散乱電子波 $\phi(\boldsymbol{r})$ の振幅と位相を決め，長さの次元を有する．観測点における散乱波の強度 I は

$$
I = \phi(\boldsymbol{r})\phi^*(\boldsymbol{r}) = \frac{|\Phi(\boldsymbol{s})|^2}{r^2}
\tag{7.30}
$$

で与えられる．

7.3 原子による散乱

次に原子1個 (原子番号を Z とする) からの散乱を考える．原子の静電ポテンシャルは，cgs 静電単位を採用すれば，

$$
V(\boldsymbol{r}) = -\frac{Ze}{r} + e \int \frac{\rho(\boldsymbol{r}')}{|\boldsymbol{r} - \boldsymbol{r}'|} d\boldsymbol{\tau}'
\tag{7.31}
$$

で与えられ，原子核内の Z 個の陽子と原子核を取り巻く電子密度分布 $\rho(\boldsymbol{r})$ が
作るポテンシャルの和で表される．これを散乱振幅の式 (7.29) の $\boldsymbol{r}'$ と $\boldsymbol{\tau}'$ を
$\boldsymbol{r}$ と $\boldsymbol{\tau}$ に書き改めた式

$$\Phi(\boldsymbol{s}) \equiv -\frac{2\pi m_0 e}{h^2} \int V(\boldsymbol{r}) e^{-2\pi i \boldsymbol{s} \cdot \boldsymbol{r}} d\boldsymbol{\tau}$$

$$\left(= -\pi \int U(\boldsymbol{r}) e^{-2\pi i \boldsymbol{s} \cdot \boldsymbol{r}} d\boldsymbol{\tau} \right) \tag{7.32}$$

に代入すれば，散乱振幅は

$$\Phi(\boldsymbol{s}) = \frac{2\pi m_0 e}{h^2} \int \left\{ \frac{Ze}{r} - e \int \frac{\rho(\boldsymbol{r}')}{|\boldsymbol{r} - \boldsymbol{r}'|} d\boldsymbol{\tau}' \right\} e^{-2\pi i \boldsymbol{s} \cdot \boldsymbol{r}} d\boldsymbol{\tau}$$

$$= \frac{2\pi m_0 e^2}{h^2} \left\{ \underline{\int \frac{Z}{r} e^{-2\pi i \boldsymbol{s} \cdot \boldsymbol{r}} d\boldsymbol{\tau}} - \int \int \underline{\frac{e^{-2\pi i \boldsymbol{s} \cdot \boldsymbol{r}}}{|\boldsymbol{r} - \boldsymbol{r}'|} d\boldsymbol{\tau}} \rho(\boldsymbol{r}') d\boldsymbol{\tau}' \right\}$$

$$= \frac{2\pi m_0 e^2}{h^2} \left\{ \underline{\frac{4\pi Z}{(2\pi s)^2}} - \int \frac{4\pi}{(2\pi s)^2} e^{-2\pi i \boldsymbol{s} \cdot \boldsymbol{r}'} \rho(\boldsymbol{r}') d\boldsymbol{\tau}' \right\} \tag{7.33}$$

となる．なお，上式の 2 行目から 3 行目の第 2 項目の一重下線部の積分計算の
結果について，参考までに以下に記すが，読み飛ばしても構わない．

....

　[証明]　例えば，電子密度関数を $\rho(\boldsymbol{r}) = e^{-2\pi i \boldsymbol{s} \cdot \boldsymbol{r}}$ と仮定すれば，それによるポテン
シャル $\varphi(\boldsymbol{r}')$ は cgs 静電単位系で表せば，

$$\varphi(\boldsymbol{r}') = e \int \frac{e^{-2\pi i \boldsymbol{s} \cdot \boldsymbol{r}}}{|\boldsymbol{r}' - \boldsymbol{r}|} d\boldsymbol{\tau} \tag{7.34}$$

である．ただし，指数のない e は素電荷を表す．一方，ポアソンの法則から

$$\nabla^2 \varphi(\boldsymbol{r}') = -4\pi e \rho(\boldsymbol{r}') = -4\pi e e^{-2\pi i \boldsymbol{s} \cdot \boldsymbol{r}'}$$

上式を積分すれば，

$$\varphi(\boldsymbol{r}') = \frac{4\pi e}{(2\pi s)^2} e^{-2\pi i \boldsymbol{s} \cdot \boldsymbol{r}'} \tag{7.35}$$

式 (7.34) と式 (7.35) は等しいため，

$$\int \frac{e^{-2\pi i \boldsymbol{s} \cdot \boldsymbol{r}}}{|\boldsymbol{r} - \boldsymbol{r}'|} d\boldsymbol{\tau} = \frac{4\pi}{(2\pi s)^2} e^{-2\pi i \boldsymbol{s} \cdot \boldsymbol{r}'} \tag{7.36}$$

の関係が成り立つ．　　　　　　　　　　　　　　　　　　　　　　[証明終わり]

....

また，式 (7.33) の第 1 項目の二重下線部の積分は，第 2 項目の一重下線部の積分結果の式 (7.36) において $r' = 0$ と置けば導くことができる．

式 (7.33) の第 2 項目の体積素片 τ' に関する積分をさらに計算すれば，（ただし，r' と τ' をそれぞれ r と τ に書き改める．）

$$
\begin{aligned}
\int e^{-2\pi i \boldsymbol{s}\cdot\boldsymbol{r}} \rho(\boldsymbol{r}) d\boldsymbol{\tau} &= \int_0^\infty \int_0^\pi \int_0^{2\pi} e^{-2\pi i s r \cos\theta} \rho(r) r^2 \sin\theta d\varphi d\theta dr \\
&= \int_0^\infty \int_0^\pi e^{-2\pi i s r \cos\theta} \rho(r) 2\pi r^2 \sin\theta d\theta dr \\
&= \int_0^\infty \rho(r) 2\pi r^2 \frac{1}{2\pi i s r} \left[e^{-2\pi i s r \cos\theta} \right]_0^\pi dr \\
&= 2\pi \int_0^\infty \rho(r) r^2 \frac{e^{2\pi i s r} - e^{-2\pi i s r}}{2\pi i s r} dr \\
&= 4\pi \int_0^\infty \frac{\sin 2\pi s r}{2\pi s r} \rho(r) r^2 dr.
\end{aligned}
\tag{7.37}
$$

式 (7.37) を式 (7.33) に代入すると散乱振幅は

$$
\begin{aligned}
\Phi(s) &= \frac{2\pi m_0 e^2}{h^2} \left(\frac{4\pi Z}{(2\pi s)^2} - \frac{4\pi}{(2\pi s)^2} 4\pi \int_0^\infty \frac{\sin 2\pi s r}{2\pi s r} \rho(r) r^2 dr \right) \\
&= \frac{2 m_0 e^2}{h^2 s^2} \left(Z - 4\pi \int_0^\infty \frac{\sin 2\pi s r}{2\pi s r} \rho(r) r^2 dr \right) \\
&\equiv f(s)
\end{aligned}
\tag{7.38}
$$

となる．このように原子に対する散乱振幅を**原子散乱因子**と呼び，$f(s)$ で表す．電子線は静電ポテンシャルに対して散乱するが，X 線は原子核を取り巻く電子雲により散乱するため，式 (7.38) の第 2 項目は X 線に対する原子散乱因子 $f^{\text{x}}(s)$ に対応し，次式で表される．

$$
f^{\text{x}}(s) = 4\pi \int_0^\infty \frac{\sin 2\pi s r}{2\pi s r} \rho(r) r^2 dr
\tag{7.39}
$$

以上まとめると，式 (7.38) の電子線に対する原子散乱因子は，

$$
f(s) = \frac{2 m_0 e^2}{h^2} \cdot \frac{Z - f^{\text{x}}(s)}{s^2}
\tag{7.40}
$$

となり，散乱ベクトル s の関数となる．ここで，$s = \frac{2\sin\theta}{\lambda}$ の関係を用いれば，原子散乱因子は

$$
\begin{aligned}
f(s) &= \frac{2m_0 e^2}{h^2} \cdot \frac{Z - f^{\mathrm{x}}(s)}{(2\sin\theta/\lambda)^2} \\
&= \frac{9.109 \times 10^{-28} \cdot (4.803 \times 10^{-10})^2}{2 \cdot (6.626 \times 10^{-27})^2} \cdot \frac{Z - f^{\mathrm{x}}(s)}{(\sin\theta/\lambda)^2} \quad [\mathrm{cm}] \\
&= 2.393 \times 10^{-2} \frac{Z - f^{\mathrm{x}}(s)}{(\sin\theta/\lambda)^2} \quad [\text{Å}]
\end{aligned}
\tag{7.41}
$$

となる．ただし，計算式は cgs 静電単位で表されているため，$m_0 = 9.109 \times 10^{-28}$ g，$e = 4.803 \times 10^{-10}$ esu，$h = 6.626 \times 10^{-27}$ erg·s の値を用いた．原子番号 $Z = 19$ 以下の比較的軽い原子に対する中性原子の電子密度分布 $\rho(\boldsymbol{r})$ は Hratree-Fock 計算や Slater 計算により求められ，$Z = 20$ 以上の比較的重い原子に対するそれは Thomas-Fermi-Dirac 計算により求められる．それを式 (7.39) に代入すれば $f^{\mathrm{x}}(s)$ が得られ，得られた $f^{\mathrm{x}}(s)$ を式 (7.41) に代入すれば電子線に対する中性原子の原子散乱因子が求まる．また，重元素になるほど内殻電子のポテンシャルはより大きく（深く）なるため，$|V(\boldsymbol{r})| \ll E$ の関係が成立しづらくなり，Born 近似の信頼性は低くなる．更に，結晶内では化学結合により最外殻電子の分布状態が変わることもある．イオン原子の場合には，イオンの X 線に対する原子散乱因子 $f^{\mathrm{x}}(s)$ は知られているため，中性原子の場合と同様に式 (7.41) を用いて電子線に対する原子散乱因子を求めることができる．

　文献 [6] の International Tables には電子線に対して計算された原子散乱因子の数値が $\sin\theta/\lambda$ に対する数表として掲載されている．その値を用い，原子散乱因子のグラフを幾つかの元素に対して図 7.3 に示す．一般に，原子番号が大きい元素ほど原子散乱因子の値は大きく，$\sin\theta/\lambda$ が $0.1\,\text{Å}^{-1}$ 付近より急激に減衰し，$0.5\,\text{Å}^{-1}$ 付近からなだらかに減衰する傾向にある．例えば，$E = 10\,\mathrm{keV}$ の高速電子線を用いた場合，$\sin\theta/\lambda = 0.1\,\text{Å}^{-1}$ は入射視射角 $\theta = 0.7°$ 付近，$\sin\theta/\lambda = 0.5\,\text{Å}^{-1}$ は入射視射角 $\theta = 3.5°$ 付近に相当する．このことから $10\,\mathrm{keV}$ 程度の高速電子線は前方散乱能が高いことがわかる．一方，

$100\,\mathrm{eV}$ 程度の低速電子線では $\sin\theta/\lambda = 0.5\,\text{Å}^{-1}$ は $\theta = 38°$ 付近に相当する. このように, θ が広がっても散乱能は比較的大きいことがわかる.

原子散乱因子の値は次式のドイル・ターナーの近似式 [7] から解析的に求めることもできる.

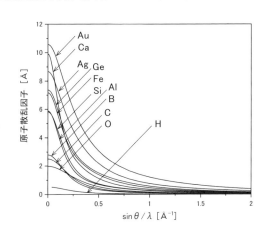

図 7.3 各元素の原子散乱因子

$$f(s') = \sum_{i=1}^{4} a_i \exp(-b_i s'^2).$$
$$(7.42)$$

参考までに各元素に対する係数 a_i と b_i の値を付録に載せておく. ただし, 式 (7.42) で用いられている s' は $s' = \sin\theta/\lambda$ であり, 本文で述べた散乱ベクトル $s = 2\sin\theta/\lambda$ の半分の値として定義されていることに注意を要する. そこで $s' = s/2$ の関係を用いて, 原子散乱因子を散乱ベクトル s の関数として表せば,

$$f(s) = \sum_{i=1}^{4} a_i \exp(-b_i(s/2)^2) \qquad (7.43)$$

である.

例として, $\sin\theta/\lambda$ の変化に対する O, Si, Ag の原子散乱因子について, ドイル・ターナーの近似式を用いて計算した結果を図 7.4 に丸印で示す. これは, 文献 [6] の International Tables の値を用いて描いた実線を極めてよく再現する. このため, ドイル・ターナーの近似式は回折強度の計算プログラムによく利用されている. なお, 図 7.3 と図 7.4 は, 静電ポテンシャルを球対称とみなした中性原子の原子散乱因子である.

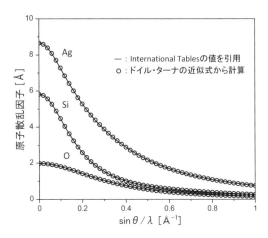

図 7.4　原子散乱因子の比較

丸印はドイル・ターナの近似式 [7] から求めた値であり，
実線は International Tables [6] の値を用いた．

第8章

3次元結晶からの反射回折強度

前章では原子1個からの散乱振幅，即ち原子散乱因子を求めたが，本章では原子が規則的に集合した3次元結晶からの散乱振幅について考える．結晶を単位格子の集合体として扱うことにより，個々の原子からの散乱波の干渉をまとめて定式化できる．この集合体のサイズは回折強度の鋭さに影響を及ぼす．また，単位格子が非基本（ノンプリミティブな）単位格子の場合には禁制則が生まれ，特定な回折波は消滅する．ここでは，まず3次元結晶に対する反射回折強度の基礎的事項を述べ，次章の表面からの反射回折につなげる．

8.1　3次元結晶からの散乱波

結晶内の位置ベクトル r における静電ポテンシャルを $V(r)$ とする．これは各原子の静電ポテンシャル V_n の和と考えることができる．今，n 番目の原子の中心の位置ベクトルを r_n とすれば，位置 r は n 番目の原子の中心から $r' = r - r_n$ の位置ベクトルで表されるので，結晶内の静電ポテンシャルは

$$V(r) = \sum_n V_n(r - r_n) = \sum_n V_n(r') \tag{8.1}$$

で表される．式 (8.1) を式 (7.29) に代入すれば散乱振幅は，

$$
\begin{aligned}
\Phi(\boldsymbol{s}) &= -\frac{2\pi m_0 e}{h^2} \int V(\boldsymbol{r}) e^{-2\pi i \boldsymbol{s}\cdot\boldsymbol{r}} d\boldsymbol{\tau} \\
&= -\frac{2\pi m_0 e}{h^2} \int \sum_n V_n(\boldsymbol{r}') e^{-2\pi i \boldsymbol{s}\cdot(\boldsymbol{r}'+\boldsymbol{r}_n)} d\boldsymbol{\tau}' \\
&= \sum_n -\frac{2\pi m_0 e}{h^2} \int V_n(\boldsymbol{r}') e^{-2\pi i \boldsymbol{s}\cdot\boldsymbol{r}'} d\boldsymbol{\tau}' e^{-2\pi i \boldsymbol{s}\cdot\boldsymbol{r}_n} \\
&= \sum_n f_n(\boldsymbol{s}) e^{-2\pi i \boldsymbol{s}\cdot\boldsymbol{r}_n}
\end{aligned}
\tag{8.2}
$$

となり，n 番目の原子の原子散乱因子 $f_n(\boldsymbol{s})$ とその原子の位置ベクトル $\boldsymbol{r}_n$，そして散乱ベクトル $\boldsymbol{s}$ を用いて求められる．結晶内の原子は周期配列するため，n 番目の原子の位置ベクトル $\boldsymbol{r}_n$ は，第 m 番目の単位格子内の第 j 番目の原子として扱えば，

$$
\boldsymbol{r}_n = \boldsymbol{R}_m + \boldsymbol{r}_j
\tag{8.3}
$$

で表せる．ここで，第 m 番目の単位格子の位置ベクトル $\boldsymbol{R}_m$ は，結晶格子の基本ベクトル $\boldsymbol{a}$, $\boldsymbol{b}$, $\boldsymbol{c}$ を用いて

$$
\boldsymbol{R}_m = m_1\boldsymbol{a} + m_2\boldsymbol{b} + m_3\boldsymbol{c}
\tag{8.4}
$$

である．ただし，m_1, m_2, m_3 は整数である．式 (8.2) の原子の和を単位格子の和（m についての和）と単位格子内の原子の和（j についての和）に分けて表せば，$\boldsymbol{r}_n = \boldsymbol{R}_m + \boldsymbol{r}_j$ の関係から

$$
\begin{aligned}
\Phi(\boldsymbol{s}) &= \sum_m \sum_j f_j(\boldsymbol{s}) e^{-2\pi i \boldsymbol{s}\cdot\boldsymbol{r}_j} e^{-2\pi i \boldsymbol{s}\cdot\boldsymbol{R}_m} \\
&= \sum_m e^{-2\pi i \boldsymbol{s}\cdot\boldsymbol{R}_m} \sum_j f_j(\boldsymbol{s}) e^{-2\pi i \boldsymbol{s}\cdot\boldsymbol{r}_j} \\
&= H(\boldsymbol{s}) F(\boldsymbol{s})
\end{aligned}
\tag{8.5}
$$

と整理できる．前半の項 $H(\boldsymbol{s})$ は

$$
H(\boldsymbol{s}) \equiv \sum_m e^{-2\pi i \boldsymbol{s}\cdot\boldsymbol{R}_m}
\tag{8.6}
$$

であり，多数の単位格子からなる有限サイズの結晶からの散乱波を表す．これを**形状因子**（shape factor）と呼ぶ．後半の項 $F(\boldsymbol{s})$ は

$$F(\boldsymbol{s}) \equiv \sum_j f_j(\boldsymbol{s}) e^{-2\pi i \boldsymbol{s} \cdot \boldsymbol{r}_j} \tag{8.7}$$

であり，一つの単位格子からの散乱波を表し，**結晶構造因子**（crystal structure factor）と呼ぶ．回折強度 I は，式 (7.30) より

$$I = \Phi(\boldsymbol{s})\Phi^*(\boldsymbol{s}) = |\Phi|^2 = |H(\boldsymbol{s})|^2 |F(\boldsymbol{s})|^2 \tag{8.8}$$

となる．なお，試料から観測点までの距離は一定であり，ここでは散乱ベクトル $\boldsymbol{s}$ に対する相対的強度変化に注目するため，係数の $1/r^2$ は省いた．

8.2　立方格子からの散乱振幅

まず，式 (8.6) の形状因子 $H(\boldsymbol{s})$ を考える．回折に関与する結晶試料のサイズとして，単位格子が基本ベクトルの $\boldsymbol{a}$ 軸方向に M_1 個，$\boldsymbol{b}$ 軸方向に M_2 個，$\boldsymbol{c}$ 軸方向に M_3 個配列する場合，試料形状は $M_1\boldsymbol{a}$, $M_2\boldsymbol{b}$, $M_3\boldsymbol{c}$ を陵辺とする平行六面体となる．

3 次元結晶の具体例として，体心立方格子を考えた場合の形態とサイズを図 8.1 に示す．この場合，形状因子は

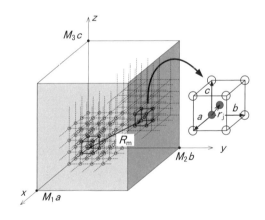

図 8.1　体心立方格子の結晶とその単位格子
単位格子内の 2 個の代表原子は灰色で示す．

$$
\begin{aligned}
H(\boldsymbol{s}) &= \sum_{m_1=0}^{M_1-1} \sum_{m_2=0}^{M_2-1} \sum_{m_3=0}^{M_3-1} e^{-2\pi i \boldsymbol{s} \cdot (m_1 \boldsymbol{a} + m_2 \boldsymbol{b} + m_3 \boldsymbol{c})} \\
&= \frac{1 - e^{-2\pi i M_1 \boldsymbol{s} \cdot \boldsymbol{a}}}{1 - e^{-2\pi i \boldsymbol{s} \cdot \boldsymbol{a}}} \cdot \frac{1 - e^{-2\pi i M_2 \boldsymbol{s} \cdot \boldsymbol{b}}}{1 - e^{-2\pi i \boldsymbol{s} \cdot \boldsymbol{b}}} \cdot \frac{1 - e^{-2\pi i M_3 \boldsymbol{s} \cdot \boldsymbol{c}}}{1 - e^{-2\pi i \boldsymbol{s} \cdot \boldsymbol{c}}} \\
&= \frac{e^{-\pi i (M_1-1) \boldsymbol{s} \cdot \boldsymbol{a}} \sin\left(\pi M_1 \boldsymbol{s} \cdot \boldsymbol{a}\right)}{\sin\left(\pi \boldsymbol{s} \cdot \boldsymbol{a}\right)} \cdot \frac{e^{-\pi i (M_2-1) \boldsymbol{s} \cdot \boldsymbol{b}} \sin\left(\pi M_2 \boldsymbol{s} \cdot \boldsymbol{b}\right)}{\sin\left(\pi \boldsymbol{s} \cdot \boldsymbol{b}\right)} \cdot \\
&\quad \frac{e^{-\pi i (M_3-1) \boldsymbol{s} \cdot \boldsymbol{c}} \sin\left(\pi M_3 \boldsymbol{s} \cdot \boldsymbol{c}\right)}{\sin\left(\pi \boldsymbol{s} \cdot \boldsymbol{c}\right)}
\end{aligned}
\tag{8.9}
$$

となる．したがって，回折強度に与える影響は

$$
\begin{aligned}
|H(\boldsymbol{s})|^2 &= H(\boldsymbol{s}) H^*(\boldsymbol{s}) \\
&= \frac{\sin^2\left(\pi M_1 \boldsymbol{s} \cdot \boldsymbol{a}\right)}{\sin^2\left(\pi \boldsymbol{s} \cdot \boldsymbol{a}\right)} \cdot \frac{\sin^2\left(\pi M_2 \boldsymbol{s} \cdot \boldsymbol{b}\right)}{\sin^2\left(\pi \boldsymbol{s} \cdot \boldsymbol{b}\right)} \cdot \frac{\sin^2\left(\pi M_3 \boldsymbol{s} \cdot \boldsymbol{c}\right)}{\sin^2\left(\pi \boldsymbol{s} \cdot \boldsymbol{c}\right)}
\end{aligned}
\tag{8.10}
$$

となる．式 (8.10) をラウエの回折関数あるいは**ラウエ関数**という．ラウエ関数は，式 (4.8) のラウエの回折条件 $\boldsymbol{s} = \boldsymbol{B}_{hkl}$ を満たす時，

$$
\begin{cases}
\boldsymbol{s} \cdot \boldsymbol{a} = h \\
\boldsymbol{s} \cdot \boldsymbol{b} = k \\
\boldsymbol{s} \cdot \boldsymbol{c} = l
\end{cases}
\tag{8.11}
$$

のように散乱ベクトル $\boldsymbol{s}$ と各基本ベクトルとの内積の値が整数 h, k, l になり，極大値 $M_1^2 M_2^2 M_3^2$ をもつ．このときをラウエの回折条件が満たされたという．式 (8.10) の性質を知るため $\boldsymbol{a}$ 軸方向成分のみを抽出したラウエ関数（式 (8.10) の 3 つの分数項のうち最初の分数項）のグラフを図 8.2 に示す．

　図 8.2 に単位格子の数 M_1 の値を 20 から 1 まで変化させた時のラウエ関数を示す．図からわかるように，ラウエの回折条件が満たされるとき，すなわち $\boldsymbol{s} \cdot \boldsymbol{a}$ が整数値になるとき，ラウエ関数はピークを示す．ピークの値は M_1 の二乗であり，その半値幅は約 $1/M_1$ となる．すなわち，$\boldsymbol{a}$ 軸方向の単位格子の数が増えるほど散乱波の数は多くなり，それらが同位相で重なるためシャープなピークになる．$\boldsymbol{b}$, $\boldsymbol{c}$ 方向に関しても同様である．逆に，単位格子の数が少

なくなるにつれ，ピークはブロードになり，最終的に $M_1 = 1$ の極端な場合，すなわち $\boldsymbol{a}$ 軸方向には一つの単位格子のみ存在する場合，その方向のラウエ関数は一定強度となる．これは $\boldsymbol{a}$ 軸に垂直な (100) 表面を考えた場合，表面の一つの単位格子層からの反射回折に相当し，一様な強度の逆格子ロッドが形成されることを示す．

　以上のことから，結晶領域が広いほど回折電子強度は強くなり，その半値幅は狭くシャープな回折斑点となる．定量的には，回折斑点の a 軸方向の半値幅が，逆空間内のスケールで $1/M_1 a$ に相当すれば，その方向の結晶サイズは $M_1 a$ であると見積もられる．厳密には入射電子線のビーム径や格子振動による広がりなどの影響もあるため，それは結晶サイズの概算値である．

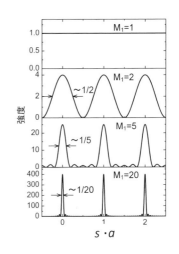

図 8.2　ラウエ関数の結晶サイズ依存性

　次に結晶構造因子 $F(\boldsymbol{s})$ を考える．単位格子内の第 j 番目の代表原子の位置ベクトルを $\boldsymbol{r}_j$ とすれば，単位格子の基本ベクトル $\boldsymbol{a}$, $\boldsymbol{b}$, $\boldsymbol{c}$ を用いて，

$$\boldsymbol{r}_j = x_j \boldsymbol{a} + y_j \boldsymbol{b} + z_j \boldsymbol{c} \tag{8.12}$$

で表される．ただし，x_j, y_j, z_j は実数である．散乱ベクトルが逆格子点に乗るとき，すなわち式 (4.8) のラウエ条件を満たすとき，式 (8.7) の結晶構造因子は次式となる．

$$
\begin{aligned}
F(\boldsymbol{s}) &= \sum_j f_j(\boldsymbol{s}) e^{-2\pi i \boldsymbol{s} \cdot \boldsymbol{r}_j} \\
&= \sum_j f_j(\boldsymbol{s}) e^{-2\pi i (h\boldsymbol{a}^* + k\boldsymbol{b}^* + l\boldsymbol{c}^*) \cdot (x_j \boldsymbol{a} + y_j \boldsymbol{b} + z_j \boldsymbol{c})} \\
&= \sum_j f_j(\boldsymbol{s}) e^{-2\pi i (hx_j + ky_j + lz_j)} \ .
\end{aligned}
\tag{8.13}
$$

8.2.1　体心立方格子の消滅則

体心立方格子の場合，図 8.3(a) に示すように単位格子内には代表原子が 2個（灰色で示す）存在し，原子 1 と原子 2 のそれぞれの位置ベクトルの成分は $(x_1, y_1. z_1) = (0, 0, 0)$ と $(x_2, y_2, z_2) = (1/2, 1/2, 1/2)$ である．これらは同種の原子であるため $f_1(\boldsymbol{s}) = f_2(\boldsymbol{s}) \equiv f(\boldsymbol{s})$ と置き，結晶構造因子の式 (8.13) は

$$F(\boldsymbol{s}) = \sum_{j=1}^{2} f_j(\boldsymbol{s}) e^{-2\pi i(hx_j + ky_j + lz_j)} = f(\boldsymbol{s}) \left(1 + e^{-\pi i(h+k+l)} \right) \tag{8.14}$$

となる．$h + k + l$ の値により結晶構造因子の値は次の 2 つの場合に分けられる．

$$F(\boldsymbol{s}) = \begin{cases} 2f(\boldsymbol{s}) & h+k+l \text{ が偶数の場合} \\ 0 & h+k+l \text{ が奇数の場合} \end{cases} \tag{8.15}$$

回折強度に与える結晶構造因子の影響は

$$\begin{aligned} |F(\boldsymbol{s})|^2 &= F(\boldsymbol{s})F(\boldsymbol{s})^* \\ &= f(\boldsymbol{s})^2 (1 + e^{-\pi i(h+k+l)})(1 + e^{\pi i(h+k+l)}) \\ &= 2f(\boldsymbol{s})^2 \left(1 + \cos \pi(h+k+l) \right) \end{aligned} \tag{8.16}$$

となり，$h+k+l$ が偶数のとき，$|F(\boldsymbol{s})|^2 = 4f(\boldsymbol{s})^2$ であり，$h+k+l$ が奇数のとき，$|F(\boldsymbol{s})|^2 = 0$ となる．後者のように，回折強度が消滅する h, k, l の条件あるいは規則を**消滅則**という．消滅則を満たす条件は結晶構造に依存する．

図 8.3(b) には体心立方格子の逆格子点が黒点で示されている．消滅則を満たす逆格子点は排除されており，逆格子点は面心立方格子状に配置することがわかる．

ラウエの回折条件の式 (8.11) は，散乱ベクトル $\boldsymbol{s}$ が逆格子ベクトル $\boldsymbol{B}_{hkl}$ に一致するとき，すなわち，散乱ベクトルの終点が逆格子点に乗るとき，強い回折が生じることを示す．図 8.3(b) では例として，004 逆格子点が回折条件を満たしており，004 ブラッグ反射が発生する様子を示している．

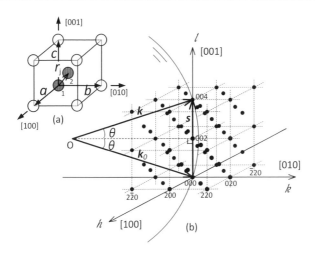

図 8.3 体心立方格子の消滅則と逆格子点

8.2.2 面心立方格子の消滅則

次に同じ立方格子の中の面心立方格子の場合を考える．図 8.4(b) は，面心立方格子を試料として波数ベクトル $\boldsymbol{k}_0$ の電子線を入射した場合を示す．単位格子内の代表原子を図 8.4(a) の灰色で示す 4 個の原子 $(x_1, y_1. z_1) = (0, 0, 0)$，$(x_2, y_2, z_2) = (\frac{1}{2}, \frac{1}{2}, 0)$，$(x_3, y_3, z_3) = (\frac{1}{2}, 0, \frac{1}{2})$，$(x_4, y_4, z_4) = (0, \frac{1}{2}, \frac{1}{2})$ とする．

結晶内の原子は全て同じ元素なので，$f_1(\boldsymbol{s}) = f_2(\boldsymbol{s}) = f_3(\boldsymbol{s}) = f_4(\boldsymbol{s}) \equiv f(\boldsymbol{s})$ と置き，結晶構造因子は式 (8.7) より

$$F(\boldsymbol{s}) = f(\boldsymbol{s}) \left(1 + e^{-\pi i(h+k)} + e^{-\pi i(h+l)} + e^{-\pi i(k+l)} \right) \tag{8.17}$$

で表される．面心立方格子の結晶構造因子は h, k, l の条件として次のような 2 つの場合に分けられる．

$$F(\boldsymbol{s}) = \begin{cases} 4f(\boldsymbol{s}) & h, k, l \text{ が全て偶数か全て奇数の場合} \\ 0 & h, k, l \text{ が偶数と奇数の混在の場合} \end{cases} \tag{8.18}$$

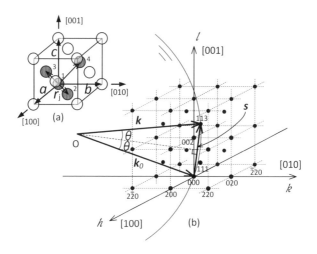

図 8.4　面心立方格子の消滅則と逆格子点

h, k, l が全て偶数か奇数のときは，$|F(s)|^2 = 16f(s)^2$ である．h, k, l に対して偶数と奇数が混在するときは $|F(s)|^2 = 0$ となり，回折強度は消滅する．このような消滅則を満たす逆格子点を排除すれば，残った逆格子点は図 8.4(b) の黒点で示す配置となり，体心立方格子状に配置することがわかる．

　入射波数ベクトル k_0 の終点を逆格子空間の原点に合わせ，散乱ベクトル s が逆格子ベクトルに一致する場合（例えば図 8.4 の B_{113} に一致する場合），波数ベクトル $k(= k_0 + s)$ の方向に回折波が生じることを示す．電子の弾性散乱を考えているため，$|k_0| = |k|$ である．したがって，入射波数ベクトル k_0 の始点 O（ラウエ点）を中心とし，半径 $|k_0|$ のエワルド球が逆格子点と交わる場合，ラウエ点からこの逆格子点に向かって回折波 k が生まれる．

8.3　格子振動による回折強度の変化

　温度上昇により結晶内原子の格子振動の振幅は増大する．結晶内の j 番目の原子のある瞬間の位置 $r_j{}'$ は，その平衡点を r_j とし，格子振動によるずれを

Δr_j とすれば,

$$r_j{}' = r_j + \Delta r_j \tag{8.19}$$

で表現できる. 式 (8.7) の結晶構造因子 $F(s)$ は, 格子振動する原子位置を用いて

$$F(s) = \sum_j f_j e^{-2\pi i s \cdot r_j{}'} \tag{8.20}$$

である ($f_j(s)$ を省略して f_j と記載した). したがって, 強度成分は

$$
\begin{aligned}
F(s)F(s)^* &= \sum_j f_j e^{-2\pi i s \cdot r_j{}'} \sum_k f_k e^{2\pi i s \cdot r_k{}'} \\
&= \sum_{j,k} f_j f_k e^{-2\pi i s \cdot (r_j{}' - r_k{}')} \\
&= \sum_{j,k} f_j f_k e^{-2\pi i s \cdot (r_j - r_k) - 2\pi i s \cdot (\Delta r_j - \Delta r_k)} \\
&= \sum_j |f_j|^2 + \sum_{j \neq k} f_j f_k e^{-2\pi i s \cdot (r_j - r_k) - 2\pi i s \cdot (\Delta r_j - \Delta r_k)}.
\end{aligned}
\tag{8.21}
$$

式 (8.21) の第 2 項目の Δr_j に関する指数関数に対して時間平均をとり, 近似として第 3 項までマクローリン展開すれば,

$$
\begin{aligned}
e^{\langle -2\pi i s \cdot \Delta r_j \rangle} &= 1 + \langle (-2\pi i s \cdot \Delta r_j) \rangle + \langle (-2\pi i s \cdot \Delta r_j)^2 / 2 \rangle + \cdots \\
&\simeq 1 + (-2\pi^2) \langle (s \cdot \Delta r_j)^2 \rangle \\
&\simeq e^{-2\pi^2 \langle (s \cdot \Delta r_j)^2 \rangle} \\
&= e^{-M_j}
\end{aligned}
\tag{8.22}
$$

である. ここでは原子の振動は互いに独立であるとするアインシュタイン (Einstein) モデルを考え, 式 (8.22) の 1 行目の第 2 項目の時間平均は 0 になる. M はデバイ・ワラー因子 (Debye-Waller factor) と呼び,

$$M \equiv 2\pi^2 \langle (s \cdot \Delta r)^2 \rangle \tag{8.23}$$

である. 指数の符号が異なっていても同様に

$$e^{\langle 2\pi i s \cdot \Delta r_k \rangle} = e^{-M_k} \tag{8.24}$$

である．式 (8.22) と式 (8.24) を式 (8.21) に代入すると，

$$
\begin{aligned}
F(\boldsymbol{s})F(\boldsymbol{s})^* &= \sum_j |f_j|^2 + \sum_{j \neq k} f_j e^{-M_j} f_k e^{-M_k} e^{-2\pi i \boldsymbol{s} \cdot (\boldsymbol{r}_j - \boldsymbol{r}_k)} \\
&= \sum_j |f_j|^2 + \sum_{j,k} f_j e^{-M_j} f_k e^{-M_k} e^{-2\pi i \boldsymbol{s} \cdot (\boldsymbol{r}_j - \boldsymbol{r}_k)} - \sum_j |f_j|^2 e^{-2M_j} \\
&= \sum_{j,k} f_j e^{-M_j} f_k e^{-M_k} e^{-2\pi i \boldsymbol{s} \cdot (\boldsymbol{r}_j - \boldsymbol{r}_k)} + \sum_j |f_j|^2 (1 - e^{-2M_j})
\end{aligned}
\tag{8.25}
$$

　式 (8.25) の第 1 項目は式 (8.7) の結晶構造
因子に e^{-M_j} が乗ぜられた形で回折強度を求
める式になっており，回折強度は格子振動に
より弱められることがわかる．第 2 項目は逆
格子空間の熱散漫散乱の強度を表す．それは，
散乱角が 0（$\boldsymbol{s} = 0$）の場合は M_j は 0 となる
ため第 2 項は 0 となるが，散乱角の増大とと
もに急速に極大値に達した後，$|f|^2$ の減衰に
伴い緩やかに減少する．その様子を図 8.5 に
示す．

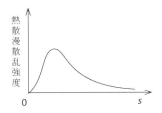

図 8.5　熱散漫散乱強度の
散乱角依存性

8.4　熱振動による原子の平均二乗変位

　前節で述べたように，結晶中の j 番目の原子の熱振動を考慮する場合，原子
散乱因子 f_j にデバイ・ワラー因子 e^{-M_j} を乗ぜればよい（デバイ・ワラー因
子は M_j を指すが，e^{-M_j} を指すこともある）．散乱ベクトルの半分の大きさ
を s' とすれば

$$
s' = s/2 = \frac{\sin \theta}{\lambda}
\tag{8.26}
$$

である．j 番目の原子のデバイ・ワラー因子 M_j は s' を用いて，

$$
M_j = B_j s'^2 \ (= B_j s^2/4)
\tag{8.27}
$$

で表すこともできる．B_j は B 因子（または**温度因子**）と呼ばれ，j 番目の原子の s' 方向の熱振動による平均二乗変位 $\langle u_j{}^2 \rangle$ と次式のように比例関係にある．この関係は式 (8.23) から導かれる．

$$B_j = 8\pi^2 \langle u_j{}^2 \rangle \tag{8.28}$$

また，熱振動をデバイモデルで近似すれば，

$$\begin{aligned}
B_j &= \frac{6h^2}{m_j k_B \Theta_D} \left[\frac{\phi(x)}{x} + \frac{1}{4} \right] \\
&= \frac{11408}{A_j \Theta_D} \left[\frac{\phi(x)}{x} + \frac{1}{4} \right]
\end{aligned} \tag{8.29}$$

である [8]．ここで，Θ_D は**デバイ温度**であり，m_j は j 番目の原子の質量である．その原子の質量数を A_j とすれば，陽子（もしくは中性子）の質量 1.67261×10^{-27} kg を用いて m_j は

$$m_j = A_j \times 1.67261 \times 10^{-27} \text{kg} \tag{8.30}$$

である．h と k_B はそれぞれプランク定数とボルツマン定数であり，$h = 6.6262 \times 10^{-34}$ J·s と $k_B = 1.38062 \times 10^{-23}$ J/K である．なお，x は絶対温度 T を用いて

$$x = \frac{\Theta_D}{T} \tag{8.31}$$

のように変数変換した．また，$\phi(x)$ は**デバイ関数**と呼ばれ，

$$\phi(x) = \frac{1}{x} \int_0^x \frac{\xi}{e^\xi - 1} d\xi \tag{8.32}$$

の積分を数値積分して求める．

参考までにデバイ関数のグラフをを図 8.6 に示す．また，その数値は付録に載せておく．このように式 (8.29) から B_j が求まれば，式 (8.28) から熱振動振幅の二乗平均 $\langle u_j{}^2 \rangle$ を求めることもできる．

　例として 20℃ の室温（$T = 293\mathrm{K}$）における e^{-M_j} を Si の 4 4 4 反射に対して求める．ただし，Si の格子定数は $a = 5.43\mathrm{Å}$ であり，$(h\,k\,l)$ 面間隔は格子定数 a を用いて $d_{hkl} = a/\sqrt{h^2 + k^2 + l^2}$ である．Si のデバイ温度は $\Theta_D = 580\mathrm{K}$ [9] を用いれば，[*1]

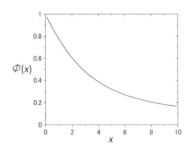

図 8.6　デバイ関数

$$x = \frac{\Theta_D}{T} = \frac{580}{293} = 1.98 \qquad (8.33)$$

$$\phi(1.98) = \frac{1}{1.98} \int_0^{1.98} \frac{\xi}{e^\xi - 1} d\xi = 0.6096 \qquad (8.34)$$

$$B_j = \frac{11408}{28 \times 580} \left[\frac{0.6096}{1.98} + \frac{1}{4} \right] = 0.392 \ \mathrm{\mathring{A}}^2 \qquad (8.35)$$

$$s'^2 = \left(\frac{\sin\theta}{\lambda} \right)^2 = \left(\frac{1}{2d_{444}} \right)^2 = \left(\frac{\sqrt{4^2 + 4^2 + 4^2}}{2 \times 5.43} \right)^2 = 0.407 \ \mathrm{\mathring{A}}^{-2} \qquad (8.36)$$

したがって，

$$e^{-M_j} = e^{-B_j s'^2} = e^{-0.392 \times 0.407} = 0.853 \qquad (8.37)$$

となる．

　Si の 3 3 3, 4 4 4, 5 5 5 反射に対する $e^{-Bs'^2}(= e^{-M})$ の値を各温度に対して計算した結果を図 8.7 に示す．原子散乱因子 $f(\boldsymbol{s})$ に乗ぜられる e^{-M} の値は温度上昇に対して減衰するため，回折強度は弱くなることがわかる．これは，温度上昇に伴い，原子の熱振動による振動振幅が増すためである．また高次の反射に対する散乱ベクトルは大きくなるため，減衰の程度は大きくなる．すなわち，高次の反射回折強度ほど熱振動により強く影響を受けることがわかる．

[*1] 文献 [9] のデバイ温度の値は文献 [10] の値と少し異なる．

　このように格子振動を考慮すれば, 式
(8.7) の結晶構造因子 $F(\boldsymbol{s})$ は, 原子散
乱因子 $f_j(\boldsymbol{s})$ に $e^{-M_j(\boldsymbol{s})}$ を乗じた

$$F(\boldsymbol{s}) = \sum_j f_j(\boldsymbol{s})e^{-M_j}e^{-2\pi i \boldsymbol{s}\cdot\boldsymbol{r}_j}$$

$$(8.38)$$

となる.

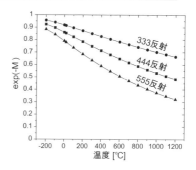

図 8.7　温度に対するデバイ・ワ
ラー因子

8.5　RHEEDロッキング曲線の運動学的計算

　まとめとして, Al(001) 表
面に 10 keV の電子線を低視射
角で入射した RHEED の鏡面反
射の回折強度を求める. Al 結晶
は面心立方格子であり, ここで
は (001) 表面を入射面とし, 入
射方位を [010] とする. その逆
格子点は図 8.4 に示すものと同
様に体心立方格子状に配置する.
Al 結晶の格子定数は $a = 4.05\,\text{Å}$
であり, 基本逆格子ベクトルの大
きさは $|\boldsymbol{a}^*| = |\boldsymbol{b}^*| = |\boldsymbol{c}^*| = 1/a$
である. 入射方位が [010] であ
るので, 図 8.4 の [010] 方向（k
軸方向）と [001] 方向（l 軸方向）
を含む $k\text{-}l$ 断面を考え, l 軸上の
逆格子点 $00l$ に注目する.

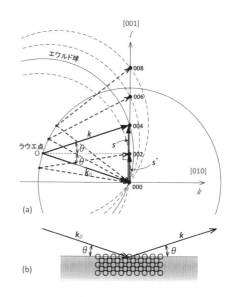

図 8.8　入射電子をロッキングさせた時
のブラッグ反射条件を満たす視射角

l の値が奇数の逆格子点は消滅則のため消失し，偶数の逆格子点が $2/a$ の間隔で表面垂直に並ぶ．図 8.8(a) はその様子を示す．図では 002 から 008 までのブラッグ反射条件を満たす 4 つの入射条件が描いてある．入射電子の波数ベクトル $\boldsymbol{k}_0$ の視射角 θ を低角度から高角度まで変化させた時の反射回折強度の変化を**ロッキング曲線**と呼ぶ．図 8.8(b) は，Al(001) 表面に電子を視射角 θ で入射し，同じ θ の出射角で鏡面反射する様子を示している．

　入射波数ベクトル $\boldsymbol{k}_0$ の終点を逆空間の原点に合わせ，その始点（ラウエ点）を中心として半径 $|\boldsymbol{k}_0|$ のエワルド球を描いたとき，そのエワルド球が 004 逆格子点と交われば，その視射角 θ は 004 ブラッグ反射条件を満たす．その時，ラウエ点から 004 逆格子点に引いたベクトルが 004 回折波の波数ベクトル $\boldsymbol{k}$ となり，その方向に強い反射波が出射する．両者の波数ベクトルの差が散乱ベクトルであり，$\boldsymbol{k} - \boldsymbol{k}_0 = \boldsymbol{s}$ の関係がある．すなわち，この散乱ベクトル $\boldsymbol{s}$ が 004 逆格子ベクトルと一致する場合に強い 004 反射が生じる．その視射角 θ から僅かにずらせば回折条件から外れる．この 004 逆格子ベクトルの大きさは $4/a$ であるので，散乱ベクトルの大きさも $s = 4/a$ である．この大きさは表現を変えれば $s = 2k_0 \sin\theta$ でもあり，電子の波長 λ を用いれば $s = 2\sin\theta/\lambda$ でもある．本書では $s' = \sin\theta/\lambda$ と定義しているので，$4/a = 2s'$ の関係が成り立つ．$00l$ ブラッグ反射条件のときも同様であり，$l/a = 2s'$ の関係が成り立つ．なお，$00l$ ブラッグ反射条件を満たすラウエ点は，図 8.8(a) に示すように，原点を中心とする半径 k_0 の円周上に乗る．

　以下に鏡面反射強度を算出する．構成原子は Al のみの単元素であるため，$f_j(\boldsymbol{s})$ と M_j はそれぞれ $f(\boldsymbol{s})$ と M と書き直し，式 (8.38) の結晶構造因子は

$$F(\boldsymbol{s}) = f(\boldsymbol{s})e^{-M}\sum_{j=1}^{4} e^{-2\pi i \boldsymbol{s}\cdot\boldsymbol{r}_j} \tag{8.39}$$

となる．散乱ベクトル $\boldsymbol{s}$ は，逆格子空間の原点から表面垂直方向に向かう l 軸上を変化するため，式 (3.9) の h と k を 0 と置き，l の値を変数とする逆格子

ベクトル $\boldsymbol{B}_{00l}$ で表す.すなわち,

$$s = lc^*$$ (8.40)

である.ここでは,視射角に応じて散乱ベクトルの長さは自由に変化するため,l の値は整数値に限るものではない.l の値が整数値になるときは,散乱ベクトルが逆格子点に乗るときである.式 (8.39) の中の和の計算は式 (8.17) から,

$$\sum_{j=1}^{4} e^{-2\pi i s \cdot r_j} = 1 + e^{-\pi i(0+0)} + e^{-\pi i(0+l)} + e^{-\pi i(0+l)}$$
$$= 2(1 + e^{-\pi i l})$$ (8.41)

なので,

$$F(\boldsymbol{s})F^*(\boldsymbol{s}) = f^2(\boldsymbol{s})e^{-2M}4(1 + e^{-\pi i l})(1 + e^{\pi i l})$$
$$= 8f^2(\boldsymbol{s})e^{-2M}(1 + \cos \pi l)$$ (8.42)

である.したがって鏡面反射強度 I は式 (8.10) と式 (8.42) を用いて

$$I \propto |F(\boldsymbol{s})|^2 |H(\boldsymbol{s})|^2$$
$$= F(\boldsymbol{s})F^*(\boldsymbol{s})H(\boldsymbol{s})H^*(\boldsymbol{s})$$
$$= 8f^2(\boldsymbol{s})e^{-2M}(1 + \cos \pi l)M_1^2 M_2^2 \frac{\sin^2(\pi M_3 l)}{\sin^2(\pi l)}$$ (8.43)

となる.ただし,式 (8.43) は表面から深さ方向に M_3 個までの単位格子が反射回折に寄与するものと想定している.また,表面平行方向には入射電子のコヒーレント領域内の $M_1 \times M_2$ 個の単位格子が反射回折に寄与するものとした.

鏡面反射強度 I の式 (8.43) の各項の視射角依存性を図 8.9 にグラフで示す.まず,項 $\sin^2(\pi M_3 l) / \sin^2(\pi l)$ はラウエ関数であり同図 (a) に示す.ここでは $M_3 = 5$ を想定して計算した.即ち,面心立方格子の単位格子を 5 個重ねた深さまでの計算を行った.格子定数は約 4Å であるため,20Å 程度の深さまで電子線が侵入し,反射回折する場合を想定した.既にラウエ関数の節で学んだ

ように，さらに深くまで電子線が侵入して反射回折すればピークはより鋭くなり，逆に侵入深さが浅くなればピーク幅は広くなる．ピークの半値幅は侵入深さに反比例する．

次に項 $8(1 + \cos \pi l)$ のグラフを同図 (b) に示す．これは単位格子内からの散乱波の干渉項であり，結晶構造因子の主要素である．グラフは面心立方格子を特徴付ける消滅則を示す．すなわち，反射指数 $00l$ の l の値が偶数のときは強度ピークが現れ，奇数のときは消滅則が働くため逆格子点は消滅して強度は 0 となる．

項 $f(\boldsymbol{s})^2$ は原子散乱因子の強度を表し，同図 (c) に示す．散乱角が 0 から大きくなると $l = 1$ 付近から急激に減衰する．勿論，構成元素が変わればその減衰の様子も変化する．

項 e^{-2M} はデバイ・ワラー因子による影響を表し，同図 (d) に示す．計算では Al 原子のデバイ温度を 390 K [9] とし，室温 (20℃) におけ

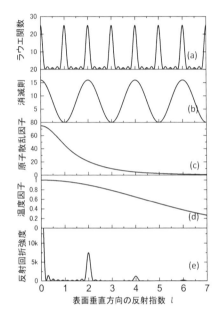

図 8.9　Al(001) 表面に対する鏡面反射強度のロッキング曲線

(a) ラウエ関数，(b) 消滅則，(c) 原子散乱因子，(d) 温度因子，(e) 上記項目を全て掛け合わせたロッキング曲線

る格子振動を想定した．視射角が高くなり，高指数になれば（l が大きくなれば）強度減衰の程度は大きくなる．また，温度が上がるほど強度減衰は大きくなる．

これらの効果を全て掛け合わせた式 (8.43) の計算結果を同図 (e) に示す．消滅則の働く l が奇数のピークは消失し，l が大きくなるに従い，即ち入射電子の視射角が高くなるに従い，ピーク強度は減衰する．実際の RHEED のロッ

キング曲線では l が 0 付近の極めて低視射角では強度が弱い．これは，入射電子線が低視射角になると試料表面を照射する電子密度が減少するためである．この照射電子密度の変化は視射角 θ に対して $\sin\theta$ を掛けることで補正できる．また，ここでは簡単のため，横軸は入射電子の視射角 θ ではなく，結晶内の波数ベクトルを半径とするエワルド球と逆格子ロッド 00 との交点，すなわち反射指数 $00l$ の l で表示した．実際に実験強度と比較する場合には横軸を入射電子の視射角で表示し，屈折効果や入射電子密度補正も必要である．計算では，電子の侵入深さを $20\,\text{Å}(M_3 = 5)$ に固定したが，実際には視射角に依存した吸収係数を用いる必要もある．これらについては次章で述べる．

第 9 章

表面からの反射回折強度

超構造を有しない理想表面に対する反射強度は，深さ方向に対して単位胞（本章では深さ方向も含めた３次元の単位格子を強調する場合は単位胞という言葉を用いる）を積み重ねた構造として散乱波を計算できる．しかしながら，超構造表面に対しては深さ方向の周期性が乱れるため，単位胞ではなく２次元格子の積み重ね，すなわち，原子の位置ベクトルを表面平行成分と垂直成分に分けて散乱波の計算を行う必要がある．まずは深さ方向の周期性を有する各種理想表面に対するロッキング曲線の計算を行い，最後に超構造表面に対する計算例を紹介する．

9.1　理想表面に対する反射回折強度

9.1.1　単純立方格子 (001) 表面からの反射回折

平坦な単結晶表面からの反射回折を考える場合，表面平行方向は無限に続く周期構造であっても，深さ方向には電子の吸収効果のため，ある限られた深さ領域が回折に寄与する．すなわち，深さ方向の周期性は限定的である．そこで散乱ベクトルと原子の位置ベクトルを表面平行成分と垂直成分に分け，表面から内部に向けて積層する複数の単位胞（原子層）からの反射回折を扱う．

　まず，図 9.1 に示す最も簡単な単純立方格子の (001) 表面の散乱振幅 $\Phi(s)$ を求める．その表面は図のように a, b を基本ベクトルとする 2 次元格子の正方格子である．表面の第 j 番目の 2 次元正方格子の位置ベクトルを $R_{\parallel j}$ とする（下付き記号の $\parallel$ は表面平行成分を表す）．その正方格子の真下には z 軸の負の方向に周期 a_0（単純立法格子の格子定数）で表面の 2 次元正方格子と同じ格子が連なる．図の影で示す立方体は単純立方格子の単位胞であり，その単位胞には表面から順に $n = 0, 1, 2, \ldots$ と番号を付ける．これらの単位胞内にはそれぞれ 1 個の代表原子（図中の黒塗り原子）が存在する．表面から深さ方向に第 n 番目の単位胞内の代表原子の位置ベクトルは r_n で表す．ただし，r_n は $R_{\parallel j}$ の終点を始点として表す．したがって，表面の原点から代表原子に向かう位置ベクトルは $R_{j,n} = R_{\parallel j} + r_n$ である．ここで，r_n を $r_n = (r_{\parallel n}, z_n)$ のように表面平行成分と垂直成分に分けて表せば，$R_{j,n} = (R_{\parallel j} + r_{\parallel n}, z_n)$ となる．なお，本ケースでは図からわかるように，$r_{\parallel n} = 0$ である．

　結晶内での散乱ベクトルも $s = (s_\parallel, \gamma - (-\gamma_0)) = (s_\parallel, \gamma + \gamma_0)$ のように表面平行成分と垂直成分に分けて表す．なお，$-\gamma_0$ と γ はそれぞれ入射電子と反射回折電子の波数ベクトルの表面垂直成分であり，入射電子は z 軸の負方向，反射電子は z 軸の正方向としている．

　入射電子線が照射される表面上のコヒーレント領域内に J 個の 2 次元単位格子が存在し，その深さ方向に積層する N の単位胞（N 層の格子面）からの

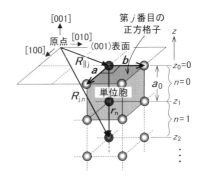

図 9.1　単純立方格子 (001) 表面

影で示す立方体は単位格子であり，黒塗り原子は各単位格子内の代表原子を示す．

散乱波を考える場合，反射波の散乱振幅 $\Phi(\boldsymbol{s})$ は，

$$
\begin{aligned}
\Phi(\boldsymbol{s}) &= \sum_{j=1}^{J} \sum_{n=0}^{N-1} f(\boldsymbol{s}) e^{-M} e^{-2\pi i \boldsymbol{s} \cdot \boldsymbol{R}_{j,n}} \\
&= \sum_{j=1}^{J} \sum_{n=0}^{N-1} f(\boldsymbol{s}) e^{-M} e^{-2\pi i (\boldsymbol{s}_\parallel, \gamma+\gamma_0) \cdot (\boldsymbol{R}_{\parallel j} + \boldsymbol{r}_{\parallel n}, z_n)} \\
&= \sum_{j=1}^{J} e^{-2\pi i \boldsymbol{s}_\parallel \cdot \boldsymbol{R}_{\parallel j}} \left\{ \sum_{n=0}^{N-1} f(\boldsymbol{s}) e^{-M} e^{-2\pi i \boldsymbol{s}_\parallel \cdot \boldsymbol{r}_{\parallel n}} e^{-2\pi i (\gamma+\gamma_0) z_n} \right\}
\end{aligned}
\tag{9.1}
$$

である．ここで，$f(\boldsymbol{s})$ は原子散乱因子であり，$e^{-M} (= e^{-Bs'^2} = e^{-Bs^2/4})$ はデバイ・ワラー因子である．

　式 (9.1) の前半の j に関する和は，表面に広がる 2 次元単位格子の数 J の値が十分大きいため，内積 $\boldsymbol{s}_\parallel \cdot \boldsymbol{R}_{\parallel j}$ の値が整数でない時は統計的に相殺されて 0 になる．一方，$\boldsymbol{s}_\parallel \cdot \boldsymbol{R}_{\parallel j}$ の値が整数の時，すなわち $\boldsymbol{s}_\parallel$ が逆格子ロッドベクトルに一致する時（回折条件を満たす時）の j に関する和はコヒーレントな表面領域内の 2 次元単位格子数 J となる．

　次に，式 (9.1) の後半の中括弧内の n に関する和を考える．図 9.1 の単純立方格子の場合，$\boldsymbol{r}_{\parallel n} = 0$ であるため，$e^{2\pi i \boldsymbol{s}_\parallel \cdot \boldsymbol{r}_{\parallel n}} = 1$ となる．したがって，散乱振幅 $\Phi(\boldsymbol{s})$ は，$n = 0$ の表面層から $n = N-1$ 層までの N 個の単位胞（原子層）からの散乱波の総和，

$$
\Phi(\boldsymbol{s}) = J f(\boldsymbol{s}) e^{-M} \sum_{n=0}^{N-1} e^{-2\pi i (\gamma+\gamma_0) z_n}
\tag{9.2}
$$

となる．表面の z 座標を $z_0 (= 0)$ とし，深さ方向（z 軸の負方向）に積層する第 n 番目の単位胞（原子層）の z 座標は $z_n = -nd$（d は格子定数 a_0 であり，

$d > 0$）なので，散乱振幅は

$$\Phi(\boldsymbol{s}) = Jf(\boldsymbol{s})e^{-M} \sum_{n=0}^{N-1} e^{-2\pi i(\gamma+\gamma_0)(-nd)} \tag{9.3}$$

$$= Jf(\boldsymbol{s})e^{-M} \frac{1 - e^{2\pi i(\gamma+\gamma_0)Nd}}{1 - e^{2\pi i(\gamma+\gamma_0)d}}$$

$$= Jf(\boldsymbol{s})e^{-M} e^{\pi i(\gamma+\gamma_0)(N-1)d} \frac{\sin(\pi(\gamma+\gamma_0)Nd)}{\sin(\pi(\gamma+\gamma_0)d)} \tag{9.4}$$

と計算される．従って，反射回折強度 I は

$$I = \Phi(\boldsymbol{s})\Phi^*(\boldsymbol{s}) = J^2 f^2(\boldsymbol{s})e^{-2M} \frac{\sin^2\{\pi(\gamma+\gamma_0)Nd\}}{\sin^2\{\pi(\gamma+\gamma_0)d\}} \tag{9.5}$$

となる．これは，逆格子ロッドの長さ方向（z 軸方向）に対してラウエ関数状の強度分布が乗ることを示す．散乱に寄与する単位胞の深さ方向の数 N を大きくとれば，散乱強度は逆格子点に集中し，また逆に N を小さくし，極端な場合として $N = 1$ とすれば（表面第一原子層のみからの散乱に相当する），散乱強度は逆格子ロッドに沿って一様な強度分布を示す．

実際には，電子が結晶内に侵入する過程，また結晶内で発生する反射回折電子が表面に到達するまでの過程で吸収効果が現れるため，散乱に寄与する N の値には制限が加わる．この吸収効果を表現するため，入射及び反射電子の波数ベクトルの表面垂直成分 γ_0 と γ には次式のような虚数項 $\mu/4\pi$ を付加して，

$$\gamma_0' = \gamma_0 + i\frac{\mu}{4\pi} \tag{9.6}$$

$$\gamma' = \gamma + i\frac{\mu}{4\pi} \tag{9.7}$$

のように複素数の γ_0' と γ' で表す．ただし，μ は第 2 章で述べた式 (2.33) 或は式 (2.36) の吸収係数である．式 (9.3) の γ_0 と γ をそれぞれ γ_0' と γ' に書き

換えて，吸収係数を含んだ式で表せば，

$$
\begin{aligned}
\Phi(\boldsymbol{s}) &= Jf(\boldsymbol{s})e^{-M}\sum_{n=0}^{N-1}e^{2\pi i(\gamma'+\gamma_0')nd}\\
&= Jf(\boldsymbol{s})e^{-M}\sum_{n=0}^{N-1}e^{2\pi i(\gamma+\gamma_0+i\frac{\mu}{2\pi})nd}\\
&= Jf(\boldsymbol{s})e^{-M}\sum_{n=0}^{N-1}e^{-\mu nd}e^{2\pi i(\gamma+\gamma_0)nd}\\
&= Jf(\boldsymbol{s})e^{-M}\frac{1-e^{-\mu Nd}e^{2\pi i(\gamma+\gamma_0)Nd}}{1-e^{-\mu d}e^{2\pi i(\gamma+\gamma_0)d}}
\end{aligned}
\tag{9.8}
$$

となる．吸収係数を含めたため，深さ方向に積層する単位胞の数をあえて制限する必要はなく，$N\to\infty$ とすれば，$e^{-\mu Nd}\to 0$ となり，解析的に

$$
\Phi(\boldsymbol{s}) = Jf(\boldsymbol{s})e^{-M}\frac{1}{1-e^{-\mu d}e^{2\pi i(\gamma+\gamma_0)d}}
\tag{9.9}
$$

と表現される．上式の分数式は，表面の 2 次元単位格子の直下に積層する単位胞（原子層）からの散乱波の総和であり，これを次式のように $F_{\mathrm{CTR}}(\boldsymbol{s})$ と置く．

$$
F_{\mathrm{CTR}}(\boldsymbol{s}) = \frac{1}{1-e^{-\mu d}e^{2\pi i(\gamma+\gamma_0)d}}
\tag{9.10}
$$

この CTR は crystal truncation rod の略で，結晶が切断されて表面が現れることにより，逆格子 "点" が逆格子 "ロッド" のように表面垂直方向に伸長した強度分布を意味する．この **CTR 散乱** の式を用いて，散乱振幅を表せば

$$
\Phi(\boldsymbol{s}) = Jf(\boldsymbol{s})e^{-M}F_{\mathrm{CTR}}(\boldsymbol{s})
\tag{9.11}
$$

のように，表面に広がる 2 次元単位格子の数 J と表面から結晶内に向かって積層する単位胞からの CTR 散乱の積で表すことができる．

反射回折強度は

$$
\begin{aligned}
I &= \Phi(\boldsymbol{s})\Phi^*(\boldsymbol{s}) \\
&= J^2 f^2(\boldsymbol{s}) e^{-2M} F_{\text{CTR}}(\boldsymbol{s}) F_{\text{CTR}}^*(\boldsymbol{s}) \\
&= J^2 f^2(\boldsymbol{s}) e^{-2M} \frac{1}{1 + e^{-2\mu d} - e^{-\mu d}\{e^{2\pi i(\gamma+\gamma_0)d} + e^{-2\pi i(\gamma+\gamma_0)d}\}} \\
&= J^2 f^2(\boldsymbol{s}) e^{-2M} \frac{1}{1 + e^{-2\mu d} - 2e^{-\mu d}\cos\{2\pi(\gamma+\gamma_0)d\}} \\
&= J^2 f^2(\boldsymbol{s}) e^{-2M} \frac{1}{(1 - e^{-\mu d})^2 + 4e^{-\mu d}\sin^2\{\pi(\gamma+\gamma_0)d\}}
\end{aligned}
\tag{9.12}
$$

となる.

$\gamma_0 + \gamma$ はエワルド球と逆格子ロッドとの交点の高さ位置を表す. 図 9.2 に示すように鏡面反射の 00 ロッドの場合, $\gamma_0 + \gamma$ は散乱ベクトルの大きさ s に等しい.

式 (9.12) の分数式の $|F_{\text{CTR}}(\boldsymbol{s})|^2$ グラフを図 9.3 に示す. $(\gamma_0 + \gamma)d$ の値が整数値になる時はブラッグ反射条件が満たされる時である. また, 吸収係数 μ は電子の侵入深さと逆数の

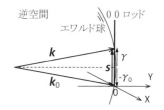

図 9.2 鏡面反射における散乱ベクトル

関係があり, 吸収係数が $\mu = 1/(nd)$ ならば, 侵入深さ（強度が $1/e$ に減衰する深さ）は nd となる. 図 9.3 に示すようにブラッグ反射条件を満たす場合にピークが現れ, またそのピークは吸収係数 μ の値が大きくなるほど（侵入深さが浅くなるほど）鈍化することがわかる. また, ブラッグ条件から外れた位置にも強度減衰はするものの弱い強度分布が存在する. このような強度分布は CTR 散乱の特徴であり, さらに結晶欠陥や層間距離等を導入することにより特徴的変化を示す. この CTR 散乱の強度分布の実験測定から表面の結晶性が評価できる [11]. 図 9.3 のグラフに原子散乱因子 $f^2(\boldsymbol{s})$ を掛ければ高次の反射強度は減衰する. また, 原子の熱振動の効果すなわちデバイ・ワラー因子を含めればピーク幅はさらに広がる.

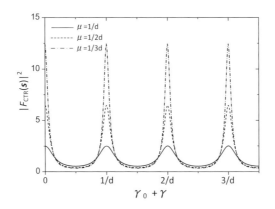

図 9.3　逆格子ロッドに沿った強度分布

d は原子層間隔，$\gamma_0 + \gamma$ は散乱ベクトル $\boldsymbol{s}$ の表面垂直成分.

9.1.2　面心立方格子 (001) 表面からの反射回折

　図 9.4 に示す面心立方格子 (001) 表面に電子線を照射した時の反射回折強度を求める．図 9.4(a) に示す立方体は 1 辺の長さ（格子定数）が a_0 の面心立方格子の単位胞であるが，反射回折では表面の 2 次元格子が支配的となるため，図に示すように基本ベクトル $\boldsymbol{a}$，$\boldsymbol{b}$ を隣り合う 2 辺とする正方格子で 2 次元単位格子を扱う．基本ベクトルの大きさは，$a = b = a_0/\sqrt{2}$ である．図 9.4(b) に示すように，正方格子の表面から深さ方向に対しては a_0 を周期とする繰り返し構造であるため，$c = -a_0$ とし，影で示す高さ a_0 の四角柱を新たな単位胞として取り扱う．ただし，この単位胞は立方体ではない．

　この単位胞は表面から内部に向かって $n = 0, 1, 2, \ldots$ と番号が付けられ，さらに各単位胞内には $m = 0, 1$ の 2 つの代表原子（黒色の原子）が存在する．これら 2 つの代表原子の位置ベクトル $\boldsymbol{r}_{n,m}$ はそれぞれ $\boldsymbol{r}_{n,0} = (0,\ 0,\ nc)$ と $\boldsymbol{r}_{n,1} = (a/2,\ b/2,\ c(n+1/2))$ で表される．ここで，入射電子波のコヒーレントな表面領域には基本ベクトル $\boldsymbol{a}$，$\boldsymbol{b}$ の張る 2 次元の正方格子が J 個含

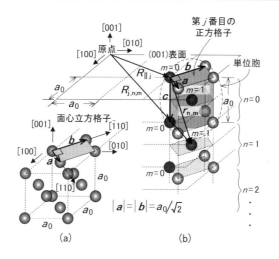

図 9.4 面心立方格子の (001) 表面からの反射回折

まれるとし，それぞれの正方格子には j で番号付けしている．2 次元の正方格子直下の第 n 番目の単位胞内の第 m 番目の代表原子の位置ベクトル $r_{n,m}$ を $r_{n,m} = (r_{\|n,m}, z_{n,m})$ のように表面平行成分と表面垂直成分に分けて表記する．

散乱振幅 $\Phi(s)$ は式 (9.6)，式 (9.7) と同じ吸収係数 μ を用いて

$$\Phi(s) = Jf(s)e^{-M}\sum_{n=0}^{N-1}\sum_{m=0}^{M-1}e^{\mu z_{n,m}}e^{-2\pi i(\gamma+\gamma_0)z_{n,m}}e^{-2\pi i s_\| \cdot r_{\|n,m}} \quad (9.13)$$

で与えられる．変数 n は表面から深さ方向に積み重なる単位胞の序列を表し，表面第 1 番目（$n=0$）の単位胞から $n=N-1$ 番目までの N 個の単位胞からの散乱波の総和を求める．また，変数 m は各単位胞内の代表原子の番号を表すが，ここでは $m=0$ と 1 の 2 個の代表原子があるので個数は $M=2$ である．9.1.1 節の単純立方格子の場合には単位胞内の代表原子は 1 個のため変数 m は不要であったが，本ケースのように単位胞内に複数個の代表原子が存在する場合には変数 m を用いて，それぞれを指定する必要がある．ここで，

$m = 0$ の代表原子に対して $\boldsymbol{r}_{\parallel n,0} = 0\boldsymbol{a} + 0\boldsymbol{b}$, $z_{n,0} = nc$ であり, $m = 1$ の代表原子に対して $\boldsymbol{r}_{\parallel n,1} = \frac{1}{2}\boldsymbol{a} + \frac{1}{2}\boldsymbol{b}$, $z_{n,1} = nc + \frac{1}{2}c$ である.

hk 反射回折の散乱振幅を考える. 散乱ベクトルの表面平行成分 $\boldsymbol{s}_{\parallel}$ はロッドベクトル $h\boldsymbol{a}^* + k\boldsymbol{b}^*$ に一致するため,

$$\boldsymbol{s}_{\parallel} = h\boldsymbol{a}^* + k\boldsymbol{b}^* \tag{9.14}$$

である. したがって, 式 (9.13) の散乱振幅は

$$
\begin{aligned}
\Phi(\boldsymbol{s}) &= Jf(\boldsymbol{s})e^{-M}\sum_{n=0}^{N-1}\sum_{m=0}^{1} e^{\mu z_{n,m}} e^{-2\pi i(\gamma+\gamma_0)z_{n,m}} e^{-2\pi i\boldsymbol{s}_{\parallel}\cdot\boldsymbol{r}_{\parallel n,m}} \\
&= Jf(\boldsymbol{s})e^{-M}\sum_{n=0}^{N-1}\Big\{ e^{\mu z_{n,0}} e^{-2\pi i(\gamma+\gamma_0)z_{n,0}} e^{-2\pi i\boldsymbol{s}_{\parallel}\cdot\boldsymbol{r}_{\parallel n,0}} \\
&\qquad\qquad\qquad\qquad + e^{\mu z_{n,1}} e^{-2\pi i(\gamma+\gamma_0)z_{n,1}} e^{-2\pi i\boldsymbol{s}_{\parallel}\cdot\boldsymbol{r}_{\parallel n,1}}\Big\} \\
&= Jf(\boldsymbol{s})e^{-M}\sum_{n=0}^{N-1} e^{\mu nc} e^{-2\pi i(\gamma+\gamma_0)nc} \\
&\qquad\qquad\qquad \Big\{ 1 + e^{\mu c/2} e^{-2\pi i(\gamma+\gamma_0)c/2} e^{-2\pi i(h\boldsymbol{a}^*+k\boldsymbol{b}^*)\cdot(\boldsymbol{a}/2+\boldsymbol{b}/2)}\Big\} \\
&= Jf(\boldsymbol{s})e^{-M}\sum_{n=0}^{N-1} e^{\mu nc} e^{-2\pi i(\gamma+\gamma_0)nc}\Big\{ 1 + e^{\mu c/2} e^{-\pi i(\gamma+\gamma_0)c} e^{-\pi i(h+k)}\Big\}
\end{aligned}
\tag{9.15}
$$

ここで, CTR 散乱 $F_{\mathrm{CTR}}(\boldsymbol{s})$ (N 個分の深さまでの単位胞を考慮) と結晶構造因子 $F_0(\boldsymbol{s})$ はそれぞれ

$$
\begin{aligned}
F_{\mathrm{CTR}}(\boldsymbol{s}) &= \sum_{n=0}^{N-1} e^{\mu nc} e^{-2\pi i(\gamma+\gamma_0)nc} \\
F_0(\boldsymbol{s}) &= f(\boldsymbol{s})e^{-M}\{ 1 + e^{\mu c/2} e^{-\pi i(\gamma+\gamma_0)c} e^{-\pi i(h+k)}\}
\end{aligned}
\tag{9.16}
$$

である. $F_0(\boldsymbol{s})$ は単位胞内の各代表原子からの散乱波の干渉を表す. したがっ

て，散乱振幅は

$$\Phi(\boldsymbol{s}) = J F_{\mathrm{CTR}}(\boldsymbol{s}) F_0(\boldsymbol{s}) \tag{9.17}$$

$$\equiv J Q(\boldsymbol{s}) \tag{9.18}$$

と簡潔に表される．なお，$Q(\boldsymbol{s}) \equiv F_{\mathrm{CTR}}(\boldsymbol{s}) F_0(\boldsymbol{s})$ と置いたが，この $Q(\boldsymbol{s})$ は一つの2次元単位格子を上面とし，そこから結晶内部に向かって吸収による減衰も考慮し，N 個の単位胞の深さまでの散乱の総和を表す．式 (9.18) はこの $Q(\boldsymbol{s})$ に表面の2次元単位格子の総数 J を掛け合わせることにより，コヒーレント領域内の全ての原子からの散乱の総和を表す．

例として Ag(001) 表面からの鏡面反射（00 反射）強度 I の視射角依存性，すなわち RHEED のロッキング曲線の計算結果を図 9.5 に示す．実際のロッキング曲線の計測では，図 9.6 示すように，試料は入射電子に対して全浴状態になっているため，視射角 θ の変化に対して試料表面に照射される入射電子強度は $\sin\theta$ を掛けて補正する必要がある．図 9.5 に示すロッキング曲線は反射回折強度に $\sin\theta$ の補正項も含めて

$$I = |\Phi(\boldsymbol{s})|^2 \sin\theta \tag{9.19}$$

を用いて計算を行った．

この計算では入射電子エネルギーは 10 keV であり，原子散乱因子 $f(\boldsymbol{s})$ はドイル・ターナの近似式から求めた．Ag の格子定数は $a_0 = 4.09\,\text{Å}$ であり，平

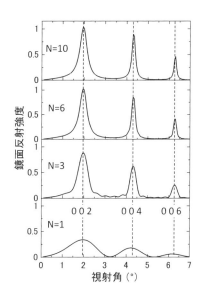

図 9.5 Ag(001) 表面に対する RHEED のロッキング曲線

N は計算に取り入れた深さ方向の単位胞の数．

均内部電位は 24.3 V を用い，屈折効果も含めた．吸収効果を表す虚数ポテン

シャルは実数ポテンシャルの 10 ％とした．また，Ag のデバイ温度 216 K [9] を用い，室温での熱振動効果も考慮している．

反射指数 $00l$ のブラッグ反射の l の値が奇数の場合は消滅則が働きピークは現れない．図 9.5 の中の N の値は計算に取り入れた深さ方向の単位胞の数である．N の値が大きくなるとピークは鋭くなるが，吸収効果のため $N = 6$ あたりで飽和している．そのことから，電子の侵入深さは $N|\boldsymbol{c}| = 6 \times 4.09 \simeq 25\,\text{Å}$ 程度まで考えればよいことがわかる．002 ピークのようにシャドーエッジに近いピークほど屈折効果により低角側にシフトする様子も見られる．

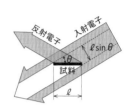

図 9.6　視射角に対する入射強度の補正

9.1.3　面心立方格子 (111) 表面からの反射回折

次に，面心立方格子 (111) 表面からの反射を考える．図 9.7(a) に示すように，面心立方格子の (111) 表面の場合は 2 次元格子として六方格子をとる．基本ベクトル $\boldsymbol{a}$ と $\boldsymbol{b}$ の成す角度は 120° であり，$a = b = a_0/\sqrt{2}$ である．

図 9.7(b) には (111) 表面上の六方格子とその下部に積層する原子が描かれている．薄い影で示す

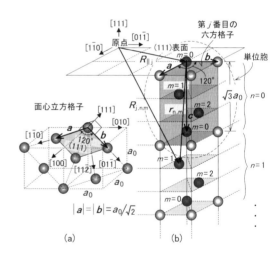

図 9.7　面心立方格子の (111) 表面からの反射回折

高さ $\sqrt{3}a_0$ の四角柱が単位胞となり，$\sqrt{3}a_0$ の周期で積層されているため，

$c = -\sqrt{3}a_0$ とする．その単位胞には表面から $n = 0, 1, 2, \cdots$ のように番号を付ける．また，単位胞内部には黒く塗った $(0,\ 0,\ 0)$, $(\frac{2}{3}a,\ \frac{1}{3}b,\ \frac{1}{3}c)$, $(\frac{1}{3}a,\ \frac{2}{3}b,\ \frac{2}{3}c)$ の 3 つの代表原子があり，それぞれ $m = 0, 1, 2$ と番号を付ける．すなわち，式 (9.13) の代表原子の数は $M = 3$ である．散乱ベクトル $\boldsymbol{s}_{\parallel}$ は式 (9.14) と同様に表されるが，六方格子の基本逆格子ベクトル $\boldsymbol{a}^*$ と $\boldsymbol{b}^*$ の成す角は 60° となる．

第 n 番目の単位胞内の 3 つの代表原子の位置ベクトル $\boldsymbol{r}_{n,m} = (\boldsymbol{r}_{\parallel n,m}, z_{n,m})$ は，$m = 0$ の代表原子に対して $\boldsymbol{r}_{\parallel n,0} = 0\boldsymbol{a} + 0\boldsymbol{b}$, $z_{n,0} = nc$ であり，$m = 1$ の代表原子に対して $\boldsymbol{r}_{\parallel n,1} = \frac{2}{3}\boldsymbol{a} + \frac{1}{3}\boldsymbol{b}$, $z_{n,1} = \frac{1}{3}c + nc$ であり，そして $m = 2$ の代表原子に対して $\boldsymbol{r}_{\parallel n,2} = \frac{1}{3}\boldsymbol{a} + \frac{2}{3}\boldsymbol{b}$, $z_{n,2} = \frac{2}{3}c + nc$ である．したがって，面心立方格子の (111) 表面に対する散乱振幅は，表面上のコヒーレント領域内に広がる 2 次元単位格子の総数を J とすれば

$$
\begin{aligned}
\Phi(\boldsymbol{s}) =& Jf(\boldsymbol{s})e^{-M} \sum_{n=0}^{N-1} \sum_{m=0}^{2} e^{\mu z_{n,m}} e^{-2\pi i(\gamma+\gamma_0)z_{n,m}} e^{-2\pi i\boldsymbol{s}_{\parallel}\cdot\boldsymbol{r}_{\parallel n,m}} \\
=& Jf(\boldsymbol{s})e^{-M} \sum_{n=0}^{N-1} \Big\{ e^{\mu z_{n,0}} e^{-2\pi i(\gamma+\gamma_0)z_{n,0}} e^{-2\pi i\boldsymbol{s}_{\parallel}\cdot\boldsymbol{r}_{\parallel n,0}} \\
& + e^{\mu z_{n,1}} e^{-2\pi i(\gamma+\gamma_0)z_{n,1}} e^{-2\pi i\boldsymbol{s}_{\parallel}\cdot\boldsymbol{r}_{\parallel n,1}} + e^{\mu z_{n,2}} e^{-2\pi i(\gamma+\gamma_0)z_{n,2}} e^{-2\pi i\boldsymbol{s}_{\parallel}\cdot\boldsymbol{r}_{\parallel n,2}} \Big\} \\
=& Jf(\boldsymbol{s})e^{-M} \sum_{n=0}^{N-1} e^{\mu nc} e^{-2\pi i(\gamma+\gamma_0)nc} \\
& \cdot \Big\{ 1 + e^{\mu c/3} e^{-2\pi i(\gamma+\gamma_0)c/3} e^{-2\pi i(h\boldsymbol{a}^*+k\boldsymbol{b}^*)\cdot(2\boldsymbol{a}/3+\boldsymbol{b}/3)} \\
& \qquad + e^{\mu 2c/3} e^{-2\pi i(\gamma+\gamma_0)2c/3} e^{-2\pi i(h\boldsymbol{a}^*+k\boldsymbol{b}^*)\cdot(\boldsymbol{a}/3+2\boldsymbol{b}/3)} \Big\} \\
=& Jf(\boldsymbol{s})e^{-M} \sum_{n=0}^{N-1} e^{\mu nc} e^{-2\pi i(\gamma+\gamma_0)nc} \\
& \cdot \Big\{ 1 + e^{\mu c/3} e^{-2\pi i(\gamma+\gamma_0)c/3} e^{-2\pi i(2h+k)/3} \\
& \qquad + e^{\mu 2c/3} e^{-2\pi i(\gamma+\gamma_0)2c/3} e^{-2\pi i(h+2k)/3} \Big\}.
\end{aligned} \tag{9.20}
$$

ここで 9.1.2 節と同様に，CTR 散乱を表す $F_{\mathrm{CTR}}(\boldsymbol{s})$ と単位胞内の代表原子か

らの散乱波の干渉（結晶構造因子）を表す $F_0(\boldsymbol{s})$ はそれぞれ

$$F_{\text{CTR}}(\boldsymbol{s}) = \sum_{n=0}^{N-1} e^{\mu nc} e^{-2\pi i(\gamma+\gamma_0)nc}$$

$$F_0(\boldsymbol{s}) = f(\boldsymbol{s})e^{-M}\{1 + e^{\mu c/3}e^{-2\pi i(\gamma+\gamma_0)c/3}e^{-2\pi i(2h+k)/3}$$

$$+ e^{\mu 2c/3}e^{-2\pi i(\gamma+\gamma_0)2c/3}e^{-2\pi i(h+2k)/3}\} \qquad (9.21)$$

であり，両者の積 $Q(\boldsymbol{s})$ を用いれば，

$$\Phi(\boldsymbol{s}) = JF_{\text{CTR}}(\boldsymbol{s})F_0(\boldsymbol{s})$$

$$= JQ(\boldsymbol{s}) \qquad (9.22)$$

となる.

　図 9.8 は Ag(111) 表面からの鏡面反射（00 反射）強度のロッキング曲線であり，原子散乱因子，平均内部電位，デバイ温度などは 9.1.2 節と同じ値を用いた. (111) 表面からの鏡面反射では消滅則は存在しない. 深さ方向に単位格子（単位胞）を $N = 3 \sim 6$ 個程度考慮すればロッキング曲線はほぼ飽和することから，Ag(001) の場合と同様に数十Å 程度の深さまでの散乱を考えればよいことがわかる. また，最も低角の 111 ブラッグピークは屈折効果により現れないこともわかる.

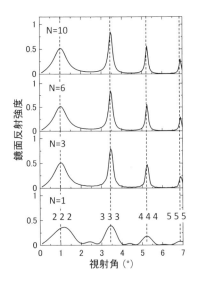

図 9.8　Ag(111) 表面に対する RHEED のロッキング曲線

N は計算に取り入れた深さ方向の単位胞の数.

9.1.4 ダイヤモンド格子 (111) 表面からの反射回折

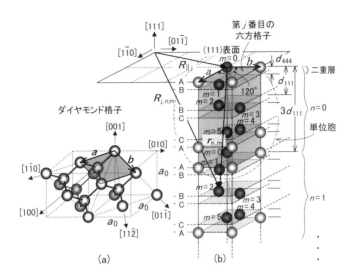

図 9.9 ダイヤモンド構造の (111) 表面からの反射回折

　図 9.9(a) は格子定数 a_0 のダイヤモンド格子 (111) 表面の原子配置を示す. 面心立方格子 (111) 表面の場合と同様に, 表面は 2 次元格子として六方格子をとり, 基本ベクトル a と b の成す角度は $120°$, $a = b = a_0/\sqrt{2}$ である. 図 9.9(b) は (111) 表面上の六方格子とその真下に積層する原子の配置を示す. 図に示す二重層の周期間隔 d_{111} は $a_0/\sqrt{3}$ である. 二重層の間隔 d_{444} は d_{111} の 1/4 である. 各原子は結晶内部に向かって $3d_{111} = \sqrt{3}a_0$ の周期で繰り返し積層しているため, 単位胞 (影の部分) の高さは $c = -\sqrt{3}a_0 = -9.4\,\text{Å}$ である (深さ方向を負方向とする). 各単位胞は表面から内部に向かって $n = 0, 1, 2, \cdots$ のように番号が付されている. 各単位胞内部の代表原子は黒く塗られており, $m = 0$ から $m = 5$ で記される 6 つである. すなわち, 式 (9.13) の代表原子の数は $M = 6$ である. それらの座標はそれぞれ $(0,\ 0,\ 0)$,

$(\frac{2}{3}a,\ \frac{1}{3}b,\ \frac{1}{12}c)$, $(\frac{2}{3}a,\ \frac{1}{3}b,\ \frac{1}{3}c)$, $(\frac{1}{3}a,\ \frac{2}{3}b,\ \frac{5}{12}c)$, $(\frac{1}{3}a,\ \frac{2}{3}b,\ \frac{2}{3}c)$, $(0,\ 0,\ \frac{3}{4}c)$ である.散乱ベクトル $\boldsymbol{s}_\parallel$ は式 (9.14) と同様に表され,基本逆格子ベクトル $\boldsymbol{a}^*$ と $\boldsymbol{b}^*$ の成す角は 60° となる.

単位胞内の 6 つの代表原子の座標を式 (9.13) に代入し,9.1.2 節あるいは 9.1.3 節と同様に計算すれば,

$$
\begin{aligned}
F_{\mathrm{CTR}}(\boldsymbol{s}) &= \sum_{n=0}^{N-1} e^{\mu nc} e^{-2\pi i(\gamma+\gamma_0)nc} \\
F_0(\boldsymbol{s}) &= f(\boldsymbol{s})e^{-M}\big[1 \\
&\quad + \big\{e^{\mu c/12}e^{-2\pi i(\gamma+\gamma_0)c/12} + e^{\mu c/3}e^{-2\pi i(\gamma+\gamma_0)c/3}\big\}e^{-2\pi i(2h+k)/3} \\
&\quad + \big\{e^{\mu 5c/12}e^{-2\pi i(\gamma+\gamma_0)5c/12} + e^{\mu 2c/3}e^{-2\pi i(\gamma+\gamma_0)2c/3}\big\}e^{-2\pi i(h+2k)/3} \\
&\quad + e^{\mu 3c/4}e^{-2\pi i(\gamma+\gamma_0)3c/4}\big]
\end{aligned}
\tag{9.23}
$$

となり,散乱振幅 $\Phi(\boldsymbol{s})$ は,

$$
\begin{aligned}
\Phi(\boldsymbol{s}) &= J F_{\mathrm{CTR}}(\boldsymbol{s}) F_0(\boldsymbol{s}) \\
&= JQ(\boldsymbol{s})
\end{aligned}
\tag{9.24}
$$

で求まる.ただし,J はこれまでと同様にコヒーレント領域内の 2 次元単位格子の数である.

Si(111) 表面からの鏡面反射(00 反射)に対するロッキング曲線の計算結果を図 9.10 に示す.鏡面反射の場合は図 9.2 に示したように $\gamma+\gamma_0 = s$ の関係がある.Si の格子定数は $a_0 = 5.43\,\text{Å}$ であり,平均内部電位は 12 V とし,屈折効果も考慮した.また,虚数ポテンシャルは実数ポテンシャルの 10 %とし,原子散乱因子 $f(\boldsymbol{s})$ はドイル・ターナの近似式を用いた.デバイ温度は 580 K [9] を用い,室温(293 K)での計算結果である.

ダイヤモンド格子の場合は反射指数 $h,\ k,\ l$ が偶数と奇数の混在の場合に禁制反射となるばかりでなく,$h+k+l = 4n\pm 2$(n は整数)の場合も禁制反射となる.したがって,222 反射や 666 反射は現れない.しかしながら,表面緩和や表面再構成が存在して表面の周期性に変調がある場合には禁制則が崩れ,禁制反射ピークが出現する.また,111 反射は屈折効果により現れない.

　図 9.10 を見ると，$N=3$ あたりで
ほぼロッキング曲線は飽和することか
ら，単位格子（単位胞）3 個程度の深
さ（$N|\boldsymbol{c}|=3\times9.4=28.2\text{Å}$）まで計算
すればよいことが伺える．面心立方格
子とは異なり，ダイヤモンド格子には
d_{444} の層間隔の二重層が存在するため，
二重層からの反射も加わり 444 ブラッ
グピーク強度は強くなることもわかる．

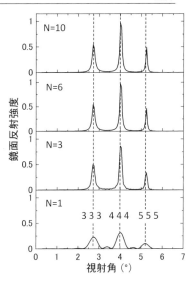

図 9.10　Si(1 1 1) 表面に対する
RHEED のロッキング曲線

N は計算に取り入れた深さ方向の単位胞
の数.

　以上の計算結果は，あくまでも理想
表面に対する運動学的計算の結果であ
り，回折強度の基本的な振舞いを考察
するためのものである．実際の電子回
折では多重散乱効果が加わるだけでな
く，表面緩和や表面再構成が存在する
場合もあるため，実験結果と詳細に比
較する際には注意が必要である．次節では表面超構造を有する場合の回折強度
計算を紹介する．

9.2　超構造表面に対する反射回折強度

9.2.1　Si(1 1 1)7×7 超構造表面からの反射回折

　これまで理想結晶に対する運動学的計算法を述べた．そこでは理想表面であ
るために，表面の2次元単位格子を上面とし，深さ方向に繰り返し積層される
単位胞からの散乱波の総和を吸収効果も考慮して求めた $F_{\text{CTR}}(\boldsymbol{s})$ と各単位胞
内の代表原子からの散乱，すなわち結晶構造因子 $F_0(\boldsymbol{s})$ を掛け合わせ，さらに
コヒーレント領域内の表面に広がる2次元単位格子の数 J を掛け合わせて散
乱波の総和，すなわち散乱振幅を求めた．しかしながら，表面超構造を有する

結晶に対しては，深さ方向の原子配列の周期性が損なわれているため，単位胞の繰り返し構造として取り扱うことができない．そこで，表面領域の再構築層に対して 2 次元単位格子を定め，その真下に連なる各原子層に周期性がないため，単位胞としてではなく，逐一，各原子層（2 次元単位格子）内の代表原子からの散乱を吸収効果も含めて逐次足し合わせる．この場合，結晶内の各原子層の 2 次元単位格子は表面の 2 次元単位格子をそのまま真下に投影させた格子枠を採用し，その格子枠内の代表原子を計算対象とする．

すなわち，散乱振幅は

$$\Phi(\boldsymbol{s}) = \sum_{j=1}^{J} e^{-2\pi i \boldsymbol{s}_\parallel \cdot \boldsymbol{R}_{\parallel j}} \left\{ \sum_{l=0}^{L-1} f(\boldsymbol{s}) e^{-M} e^{\mu z_l} e^{-2\pi i (\gamma + \gamma_0) z_l} \sum_{n_l=0}^{N_l-1} e^{-2\pi i \boldsymbol{s}_\parallel \cdot \boldsymbol{r}_{\parallel n_l}} \right\}$$
(9.25)

で与えられる．上式は同一元素から成る結晶を想定しており，中括弧内の式は $l = 0$ の表面層から $l = L - 1$ までの L 層の原子層を考慮し（第 l 番目の原子層の深さを z_l とする），第 l 番目の原子層の 2 次元単位格子内に存在する $n_l = 0$ から $N_l - 1$ までの N_l 個（第 n_l 番目の代表原子の表面に平行な位置ベクトルを $\boldsymbol{r}_{\parallel n_l}$ とする）の代表原子からの散乱波の総和を計算する．これを更に，コヒーレント領域内の表面平行方向に広がる J 個分の 2 次元単位格子からの散乱波として和を求めることにより，全ての原子からの散乱振幅となる．表面数原子層に限って超構造が現れている場合は，それより以深の原子からの散乱を理想表面の場合と同じように単位胞の積み重ね構造として扱い，その上に超構造の原子層を積み重ねる方法で散乱波の総和を求めれば，計算がコンパクトになる．

既に式 (9.1) の下で述べたように，あるいは式 (4.6) で示したように，J の値が大きい場合に式 (9.25) の j に関する和は，$\boldsymbol{s}_\parallel$ がロッドベクトル $\boldsymbol{B}_{hk} = h\boldsymbol{a}^* + k\boldsymbol{b}^*$（$h, k$ は整数）と一致するときに J という値をとり，すなわち反射回折が生じ，一致しない場合は 0 となって回折は生じない．しかしながら超構造表面の場合，例えば表面の 2 次元単位格子のサイズが理想表面の $p \times q$ 倍となれば（p, q は整数），ロッド指数は新たに $h/p, k/q$ にも値を持つことに

なり，**超格子ロッド**が現れる．超格子ロッドから発生する回折斑点を**超格子斑点**あるいは**分数次斑点**と呼び，これに対して超構造を有しない理想表面からの回折斑点を**基本反射斑点**あるいは**整数次斑点**と呼ぶ．また，視射角を固定したRHEED図形の相対的斑点強度を求めるのであれば，$\sin\theta$ を省いて $|\Phi(s)|^2$ でよいが，ロッキング曲線を求めるのであれば $|\Phi(s)|^2\sin\theta$ とする．

　一例として，清浄な Si(1 1 1)7×7 表面超構造の RHEED 図形を紹介する．その表面超構造は **DAS**（dimer-adatom-stacking-fault）**構造** [12] と呼ばれ，図 9.11 に示す．7×7 単位格子は 1×1 単位格子の 7 倍のサイズの菱形であり，その一辺の長さは約 27Å である．その菱形の周囲と対角線上には二量体（ダイマー）が並び，そのコーナーにはホール（原子空孔）が配置する．7×7 単位格子の表面の第 1 二重層は二つの正三角形に分割できるが，一方は 180° 位相が逆転する積層欠陥であるため，真上から眺めれば第 2 二重層の原子と重なって六員環状に見える．これら二つの正三角形状の表面には 6 個ずつの Si の吸着原子が 2×2 の周期で配置する．

　DAS 構造の原子座標は文献 [13] の値を採用し，運動学的計算により求めた RHEED 図形を図 9.12 に示す．参考までにその原子座標[*1] も付録に載せておく．図 (a) は 10 keV の電子線を Si(1 1 1) 面の $[1\,1\,\bar{2}]$ 方位に入射し，視射角を 1.2° の比較的低い角度に設定したときの実験 RHEED 図形である．図 (b) は同じ条件における計算結果であり，回折斑点の強度に比例した黒丸の面積で示す．理想表面（1×1 表面）の周期の 7 倍の大きさの周期を有する Si(1 1 1)7×7 表面超構造では，RHEED 図形内の基本反射斑点（整数次斑点）間を 7 等分する間隔で埋める超格子斑点（分数次斑点）が現れ，それらの強度分布は表面の原子位置に依存する．なお，図 (a) の実験 RHEED 図形内の丸印で囲った斑点は基本反射斑点であり，鏡面反射の 00 斑点は強い反射強度のためハレーションに隠れている．特に，このような低い視射角では表面原子層からの反射回折が支配的となり，表面構造に敏感となる．そのため表面で一回散乱して反

[*1] 最新のデータではないが，DAS 構造の基本的特徴は含まれている．

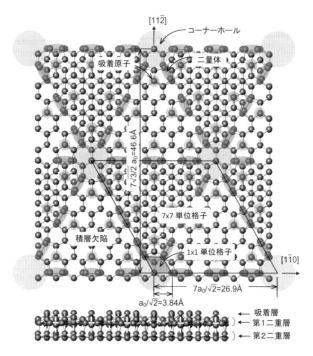

図 9.11　Si(1 1 1)7×7 表面の DAS 構造

最上表面の吸着層から第２二重層までを描いた．7×7 単位格子の周辺と対角線上には二量体，そのコーナーには原子欠陥，そして最上表面には１２個の吸着原子が存在し，それらを薄い影で示す．また，第１二重層の半分の正三角形は積層欠陥配置となっている．

射する電子の割合も多くなり，運動学的計算でも超格子斑点の強度分布の特徴を比較的よく説明できることがわかる．勿論，厳密な表面構造解析では動力学的回折理論を用いる必要がある．一方，基本反射斑点の強度は結晶内部からの多重散乱過程に強く影響されるため，図 9.12(b) の計算図形ではそれらの斑点位置を白丸で示すに留めた．

　参考までに図 9.12(c) には逆格子空間に配列する逆格子ロッドを表面真上から眺めた様子を示す．基本逆格子ベクトル $\boldsymbol{a}^*$ と $\boldsymbol{b}^*$ を２辺とする菱形の基本単位格子のコーナーに立つ基本逆格子ロッドが白丸で，それらの間隔の 1/7 の

間隔で並ぶ数多くの超格子ロッドが黒点で示されている．逆格子空間内の 00，01，11 ロッドを結ぶ三角形（内部を薄い影で示す）は図 (b) の RHEED 図形の薄い影で示す領域に対応する．図 (a) の実験 RHEED 図形にも白い破線でその領域の輪郭を示す．なお，低視射角のため 11 ロッドはエワルド球から僅かに外側に位置するため，RHEED 図形には 11 斑点が現れない．これからわかるように，逆格子ロッドの配置を縦方向に引き延した歪んだ斑点の配置となるため，結晶の対称性を認識することは困難である．

図 (c) に示すように，入射方位 $[11\bar{2}]$ に直交する方向に並ぶ逆格子ロッド列は各次のラウエ帯に属する．例えば 00，01，$\bar{1}1$ ロッドを含むラウエ帯をそれぞれ 0 次，1 次，2 次ラウエ帯と呼び，図 (b) の RHEED 図形には円弧状となって表れる．

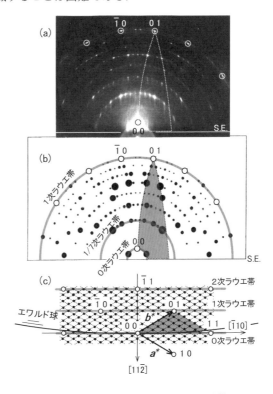

図 9.12 Si(111)7×7RHEED 図形

(a) 10 keV 電子を視射角 1.2° で入射して観察した実験 RHEED 図形，(b) その計算 RHEED 図形，(c) 逆空間を表面真上から眺めた 7×7 超構造の逆格子ロッド群

第 10 章

菊池線と表面波共鳴

回折図形にはこれまで述べた回折斑点の他に菊池図形が現れる．菊池図形には菊池線と菊池バンドがある．菊池バンドについては複雑な動力学的解釈が必要になるため，ここでは菊池線について考える．結晶表面から数 nm 内部で発生する菊池線の発生機構と回折図形に見られる菊池線の幾何学について述べる．また，回折電子が表面平行に進み，表面領域に電子密度が局在する表面波共鳴（surface wave resonance, SWR）条件についても述べる．これは表面に敏感な観察条件としても利用できる．

10.1 菊池線の発生

結晶表面に入射する波数ベクトル K の電子波は，結晶内に侵入すると一部は弾性散乱により結晶表面領域から反射回折電子として真空に出射するが，多くは非弾性散乱過程を経ながら結晶内部に侵入し，吸収される．特に，フォノン励起による非弾性散乱電子の損失エネルギーは 1 eV 以下のため擬似的な弾性散乱と見なせるものの，その進行方向は広がりを示す．そのため，それらの一部は結晶内部の 3 次元格子面によるブラッグ反射条件を満たし，菊池電子として表面から出射して菊池線を形成する．

図 10.1(a) は，一例として擬似弾性散乱を経た侵入電子 k_{in} が結晶内部の表

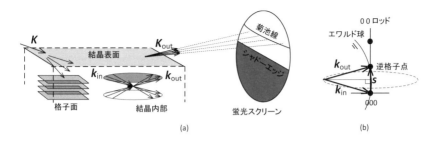

図 10.1　結晶内での菊池電子の発生と菊池線

面平行な格子面に対してブラッグ反射する電子 k_{out} の様子を示す．図 10.1(b)
に示すように，表面平行な格子面に対する逆格子点は逆空間の原点から表面垂
直方向に伸びる 00 ロッド上に存在し，その逆格子点上にエワルド球が乗れば
ブラッグ条件が満たされ，反射電子が生まれる．このような回折条件を満たす
入射方位は一つではなく，00 ロッドを回転軸として，入射波数ベクトル k_{in}
を回転しても満たされ，それに応じて反射波数ベクトル k_{out} も回転した方向
に生まれる．その k_{in} と k_{out} の方向は図 10.1(a) の上下 1 組の円錐形の上部
側の側面に沿う．一方，結晶内部から表面に向かう擬似弾性散乱電子とそのブ
ラッグ反射電子は下部側の円錐形の側面に沿うが，この場合の反射電子は結晶
内部方向に進むため表面から出られない．表面から出射する菊池電子 k_{out} は
表面で屈折を受け，真空中の波数ベクトル K_{out} の菊池電子として出射し，蛍
光スクリーンにはシャドーエッジに平行な直線状の菊池線を形成する．厳密に
は平面スクリーンの端に向かって若干上方に湾曲する．00 ロッド上には逆格
子点が複数存在するため，他の逆格子点に対しても同様に頂角の異なる円錐を
描き，その側面に沿った菊池電子を生み，スクリーン上に複数の水平な菊池線
を形成する．このような菊池線は表面に平行な格子面から生まれる菊池線であ
るが，結晶内には水平から傾いた結晶面も数多く存在し，それらの結晶面から
生まれる菊池電子は傾いた菊池線を形成する．ただし，表面から真空中に脱出
する際には屈折効果を受けるため，特に低出射角の電子ほどシャドウエッジに
吸い込まれるように湾曲する．

　図 10.2 に Si(111) 表面を試料として用いた場合の RHEED 図形に見られる
3 本の菊池線を示す．図 (a) は，逆空間内の 0 次ラウエ帯上に分布する逆格子
点を黒点で示し，その大きさは結晶構造因子の大きさを反映している．

　例えば，513 菊池線の形成について説明する．エワルドの作図から得られ
る k_{in}（(513) 面に入射する擬似弾性散乱電子）と k_{out}（(513) 面でブラッグ
反射する擬似弾性散乱電子）はラウエ点から伸びる入射と反射の波数ベクトル
であるが，その 2 つの波数ベクトルを図 (a) に示すように k_{in}（破線のベクト
ル）の始点を逆格子点 513 に，k_{out}（実線のベクトル）の始点を原点に合わせ
て描けば，両波数ベクトルの終点は当然ながら一致し，そこを点 "A" とする．
散乱ベクトル s を底辺とし，$|k_{in}| = |k_{out}|$ の二等辺三角形 ABC を形成する．
結晶内ではフォノンによる擬似弾性散乱を経て侵入方向の広がる k_{in} が存在す
るため，k_{in} の向きが変わればそれに応じて k_{out} の向きも変わり，点 "A" の
位置は変化する．すなわち，二等辺三角形の底辺 BC を回転軸として，回転す
る方向もブラッグ条件を満たす．そのため，図 10.2(a) の示すように点 "A" の
位置は斜め方向の軌跡（実線で示す）を描き，菊池電子の発生方向を示す k_{out}
も同様に斜め方向の軌跡を描く．

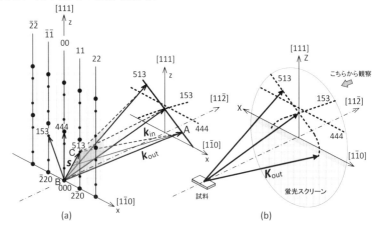

図 10.2　菊池線の幾何学

(a) 結晶内の逆空間，(b) 真空中に出射する電子が描く菊池線

　結晶内で発生するこのような菊池電子が表面から出射する際には低出射電子ほど強く屈折を受けるため，図 10.2(b) に示すようにシャドーエッジ近傍で少し湾曲した曲線が形成される．これが 513 菊池線である．特に，低視射角で結晶内から表面に向かう菊池電子は屈折効果により表面から出射できない．同様に，153 逆格子点に基づく 153 菊池線は 513 菊池線と左右対称の曲線となる．また，444 逆格子点に基づく 444 菊池線は既に図 10.1 で説明したように水平な菊池線を形成する．

　図 10.3(a) には Si(111) 表面の実験 RHEED 図形，同図 (b) には同じ入射条件で計算した回折斑点と菊池線を示す．実験 RHEED 図形は，10 keV の入射電子を視射角 4° で [11$\bar{2}$] 方位に入射した時に観察されたものである．試料は清浄な 7×7 超構造表面を真空内で長期間保管したため，汚染原子の吸着により超格子斑点は消失し，1×1 構造を示している．しかしながら結晶内部で発生する菊池電子には表面に吸着した汚染原子の影響はほとんどなく，きれいな菊池線が見られる．図 10.3(b) の複数の菊池線は図 10.2 で述べた方法で計算した結果である．計算に用いた逆格子点は 00 ロッド上の 111 から 666 までの 6 個，11 ロッド上の 2$\bar{2}$0 から 735 までの 6 個，そして対称な位置関係にある $\bar{1}\bar{1}$ ロッド上の $\bar{2}$20 から 375 までの 6 個である．ここでは消滅則である 222，402 そして 042 の 3 つの逆格子点も含めて計算した．表面から脱出する際の屈折効果は平均内部電位 $V_0 = 12$ V を用いた．また，基本反射（整数次反射）の回折斑点は図 (a) では小さな丸で囲み，図 (b) では黒点で示す．なお，図 (b) の影で塗られた放物線状の帯が左右対称に描かれているが，これらは表面波共鳴領域を示すものであり，次節で説明する．

　図 10.3 の (a) と (b) は同じ縮尺，かつシャドーエッジを揃えて並べてある．図 (b) の計算による菊池線は図 (a) の実験 RHEED 図形に現れる菊池線の幾何学模様をよく再現している．ただし，強度分布は計算していない．図 (a) の実験結果に強く現れる菊池線と対応する図 (b) の菊池線には，その箇所を特に太線で示している．3$\bar{1}$1 菊池線から，402，...，735 までの菊池線の包絡線は放物線となり，実験にもそのような放物線が認められ，これを**菊池エンベ**

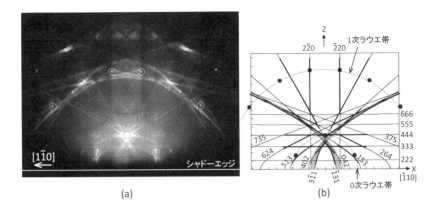

(a)

(b)

図 10.3　Si(111)1×1 表面からの RHEED 図形に現れる菊池図形

(a) 実験結果，(b) 計算結果

ロープと呼ぶ．反対側の $\bar{1}31$ 菊池線から，$042, \ldots, 375$ までの菊池線の包絡線にも放物線状の菊池エンベロープが表れている．一般に鏡面反射斑点が菊池エンベロープを横切るとき，鏡面反射強度は強くなるとともに表面構造に起因する回折斑点の強度も一斉に増大することが観察されている．これは表面波共鳴条件と密接に関連しており，次節で述べる．

10.2　表面波共鳴

　入射電子が屈折を経て結晶表面内部に侵入すると，結晶格子により，多数の回折波が生まれる．結晶内で発生した回折電子が表面から出射するためには結晶の平均内部電位によるポテンシャル障壁を乗り越える必要がある．これは屈折効果として現れるが，表面のポテンシャル障壁を乗り越えられずに表面で全反射する回折電子は表面近傍をほぼ平行に走るため，表面近傍の回折電子密度は増大する．それらの電子が表面の2次元格子により再度回折して出射し，回折斑点を形成する．このような回折斑点は表面構造を強く反映し，強度も増す．真空中に出られないで表面近傍に回折電子が局在する入射条件は**表面波共**

鳴（surface wave resonance, SWR）条件と呼ばれる.

　図 10.4 を用いて SWR 条件について
考える. 真空中の入射電子の波数ベク
トル $\boldsymbol{K}$ は屈折を経て結晶内に侵入する
と波数ベクトル $\boldsymbol{k}$ となる. ここで, こ
れらの波数ベクトルを次のように表面
平行成分と垂直成分に分解する.

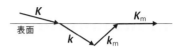

図 10.4 表面波共鳴（SWR）

$$\boldsymbol{K} = (\boldsymbol{K}_\parallel, \Gamma), \tag{10.1}$$

$$\boldsymbol{k} = (\boldsymbol{k}_\parallel, \gamma). \tag{10.2}$$

なお, 表面接線成分の連続性から $\boldsymbol{k}_\parallel = \boldsymbol{K}_\parallel$ であり, $\gamma^2 = \Gamma^2 + U_0$ の関係があ
る. 既に述べたように, 結晶内の入射電子波 $\boldsymbol{k}$ は多数の回折電子波を生むが,
ここでは m 次のロッドベクトル $\boldsymbol{B}_m$ に起因する回折波 $\boldsymbol{k}_m = (\boldsymbol{k}_{m\parallel}, \gamma_m)$ を考
える. 弾性散乱を考えているため $k_m = k$ である. また,

$$\boldsymbol{k}_{m\parallel} = \boldsymbol{k}_\parallel + \boldsymbol{B}_m \tag{10.3}$$

の関係（ラウエの回折条件）があるので, m 次回折波の結晶内での表面垂直成
分は

$$\begin{aligned}
\gamma_m &= \sqrt{k^2 - k_{m\parallel}^2} \\
&= \sqrt{k_\parallel^2 + \gamma^2 - (\boldsymbol{k}_\parallel + \boldsymbol{B}_m)^2} \\
&= \sqrt{\gamma^2 - 2\boldsymbol{k}_\parallel \cdot \boldsymbol{B}_m - B_m^2} \\
&= \sqrt{\Gamma^2 + U_0 - 2\boldsymbol{k}_\parallel \cdot \boldsymbol{B}_m - B_m^2} \tag{10.4}
\end{aligned}$$

であり, 表面から脱出した真空中の m 次回折波の表面垂直成分は式 (10.4) を
用いて,

$$\begin{aligned}
\Gamma_m &= \sqrt{\gamma_m^2 - U_0} \\
&= \sqrt{\Gamma^2 - 2\boldsymbol{k}_\parallel \cdot \boldsymbol{B}_m - B_m^2} \tag{10.5}
\end{aligned}$$

となる．この m 次回折波が結晶内で生まれるための条件は式 (10.4) の γ_m が実数になる必要があるため，

$$\Gamma^2 + U_0 - 2\boldsymbol{k}_\parallel \cdot \boldsymbol{B}_m - B_m^2 \geqq 0 \tag{10.6}$$

である．また，この m 次回折波が真空中に出られない条件は式 (10.5) の Γ_m が虚数になるときで，

$$\Gamma^2 - 2\boldsymbol{k}_\parallel \cdot \boldsymbol{B}_m - B_m^2 \leqq 0 \tag{10.7}$$

である．以上から，表面波共鳴（SWR）条件を満たす入射電子波 $\boldsymbol{K}$ の表面垂直成分 Γ は式 (10.6) と式 (10.7) を同時に満たす必要があるため，

$$2\boldsymbol{K}_\parallel \cdot \boldsymbol{B}_m + B_m^2 - U_0 \leqq \Gamma^2 \leqq 2\boldsymbol{K}_\parallel \cdot \boldsymbol{B}_m + B_m^2 \tag{10.8}$$

で示される範囲となる．なお，上式において $\boldsymbol{k}_\parallel = \boldsymbol{K}_\parallel$ の関係を用いた．$\boldsymbol{K}_\parallel$ の $\boldsymbol{B}_m$ 方向成分を K_t とすれば，式 (10.8) で示される **SWR** 領域は

$$\Gamma = \sqrt{2B_m\left(K_t + \frac{1}{2}B_m\right)} \tag{10.9}$$

を上限とし，

$$\Gamma = \sqrt{2B_m\left(K_t + \frac{1}{2}B_m\right) - U_0} \tag{10.10}$$

を下限とする領域となる．

　図 10.5 では，Si(111) 表面の $[11\bar{2}]$ 入射方位におけるロッドベクトル $\boldsymbol{B}_m$ として 11 ロッドあるいは $\bar{1}\bar{1}$ ロッドを想定し，それぞれに起因する SWR 領域を灰色で塗った放物線状の帯として示す．その帯の上限（実線）は式 (10.9) から計算され，下限（破線）は式 (10.10) から計算されている．0 次ラウエ帯の逆格子ロッドを含む面とエワルド球との交線は円となり，それも図に描いてある．例えば，エワルド球が 11 ロッドと接するように入射電子の入射方位と視射角を少しずつ移動させたとき（図では K_t と Γ を変化させたとき），その円の中心点の移動する軌跡が SWR の上限を描く．また，その下限は U_0（これは平均内部電位 V_0 から得られ，$U_0 = 2meV_0/h^2 = V_0/150.4$）の値を減じ

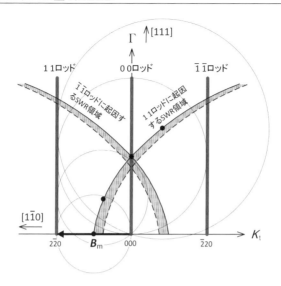

図 10.5 表面波共鳴条件

た式 (10.10) に従う．すなわち，下限の放物線は屈折効果を考慮したものとなるが，これは図 10.3(b) に示す菊池線の包絡線に相当する．SWR 領域の上限（実線）は真空中の SWR，下限（破線）は結晶内の SWR と呼ばれることもある．図 10.5 では 1 1 ロッドと $\bar{1}\,\bar{1}$ ロッドに由来する SWR 領域を描いたが，他の高次ロッドに由来する SWR 領域も同様に求めることができる．このように，入射波数ベクトルの始点（ラウエ点）が影で示す SWR 領域内に入った時に SWR 条件が満たされたと言う．

10.3　アストロドーム型 RHEED

　RHEED の場合，高速電子の入射視射角が低いため，表面近傍の構造を反映する回折斑点を効果的に取得できる．しかしながら，一部の擬似弾性散乱電子は結晶内部に広がって侵入し，菊池電子を生む．低い角度の菊池電子は表面に到達するまでにかなりの距離を走るため吸収される割合が高い．一方，高い出

射角の菊池電子は表面までの距離が比較的短いため，吸収されずに表面に到達する割合が高く，RHEED 図形の上方には主に菊池図形が現れる．菊池図形は表面から数 nm 程度内部の結晶方位に依存するため，結晶内部の構造情報を取得するために利用される．

そこで，図 10.6 に示すようなアストロドームのような球面スクリーンを試料真上に設置したいわゆる**アストロドーム型 RHEED** 装置 [18] を用いて試料表面から上方に脱出する菊池

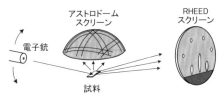

図 10.6　アストロドーム型 RHEED 装置

電子の作る菊池図形を紹介する．この球面スクリーンの曲率の中心は試料表面上の観察点と一致する．また，球面スクリーン内側には阻止電圧印可用のメッシュが備えられ，エネルギーの低い非弾性散乱電子から成るバックグランド強度を排除して，より高いコントラストの回折図形が観察できる．阻止電圧は負極性であり，LEED 光学系と同様の仕様である．このアストロドーム型 RHEED 法は走査電子顕微鏡（scanning electron microscope, SEM）に装備される**電子後方散乱回折**（electron backscatter diffraction, EBSD）装置と同様な分析手法である．この EBSD は SEM 内で細く絞った電子線を大きく傾斜させた試料表面に照射して，後方散乱電子で形成される菊池図形から，多結晶表面の微小な結晶分域の結晶方位を調べる手法である．一方，アストロドーム型 RHEED は，RHEED 図形による表面構造観察とともに，アストロドームスクリーン映る菊池図形から結晶内部構造も同時に観察できる．

図 10.7(a), (b) は Si(1 1 1)7×7 清浄表面に対してアストロドーム型 RHEED 装置のアストロドームスクリーンに観察された菊池図形である．それぞれ 10 keV と 3 keV の入射電子を [1$\bar{1}$2] の方位で，視射角 6.7° で入射したときの実験結果であり，ダイヤモンド構造の (1 1 1) 面を反映して 3 回対称性を示している．図 10.7(c) と (d) は，それぞれ同図 (a) と (b) に対する計算シミュレーション結果である．電子線の入射方向（図 (a), (b) の写真では上方）ほど明

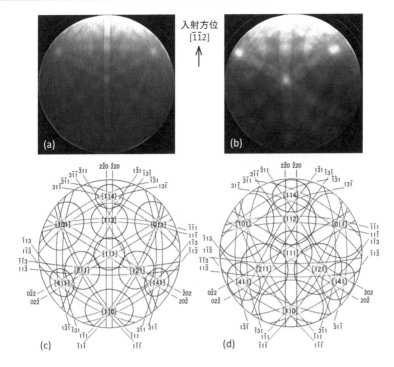

図 10.7 アストロドーム図形の実験と計算の比較

(a) と (c) は 10 keV, (b) と (d) は 3 keV の入射電子を用いたときの実験及び計算結果

るいのは前方散乱が後方散乱より強いことを示している．また，入射電子の
エネルギーが (a) の 10 keV から (b) の 3 keV と低くなると，例えば 2 本の平
行な $2\bar{2}0$ と $\bar{2}20$ の菊池線で挟まれる帯（**菊池バンド**），或いは 2 本の平行な
$\bar{1}\bar{1}1$ と $11\bar{1}$ の菊池線で挟まれる菊池バンドの幅は広がる．阻止電圧はいずれ
も-2.8 kV 印加して観察したので，3 keV 入射電子の方が 10 keV 入射電子の方
よりも相対的に非弾性散乱電子の排除率が高く，より多くのバックグランド強
度が取り除かれてコントラストが高い．図 (c)，(d) は既に述べた計算方法か
ら菊池電子の脱出方向を求めた結果であり，それぞれ図 (a)，(b) の実験菊池
図形をよく再現している．

　ここで注目されるのは，特に低エネルギーの図 (b) に観られる円形状のパターン（**環状図形**）である．例えば，⟨110⟩ 方向，⟨111⟩ 方向，⟨114⟩ 方向，そして極めて弱いながら ⟨112⟩ 方向を中心として環状図形が観察される．一般的な菊池線は結晶内部の格子面による回折を起源とするが，これらの環状図形は結晶内部で直線状に並ぶ格子点列（原子列）からの **1 次元回折**により解釈できる [19]．

　図 10.8 は，間隔 a で直線状に並ぶ原子列に電子波が列方向に入射し，散乱角 ϕ で円錐状に散乱する電子波に引き続き，その奥隣の原子に入射して同じ散乱角 ϕ で円錐状に散乱する現象が連続して発生する場合を示す．この時，原子列内の隣接原子間で散乱する電子の行路差が波長の整数倍になるときには散乱角 ϕ の円錐面に沿って反射する散乱波は互いに強め合う．式で表せば，

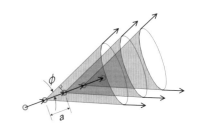

図 10.8　1 次元回折による環状図形

$$a(1 - \cos\phi) = n\lambda$$
$$\therefore \ \phi = \cos^{-1}(1 - \frac{n\lambda}{a}) \quad （ただし \ n \ は整数） \tag{10.11}$$

で与えられる．すなわち，1 次元格子による回折電子は原子列方向を円錐の中心軸とし，その中心軸とのなす角度 ϕ（頂角 2ϕ）の円錐面に沿った方向に散乱し，表面で屈折を経て出射する．そのため，スクリーンには環状図形が原子列方向をその中心として現れる．このことは，1 次元格子により形成される逆格子面とエワルド球との交線が同心円となることでも説明される．図 10.7(c)，(d) の計算では $n = 1$ として計算した環状図形である．$n = 2$ 以上の環状図形は半径が大きくなるとともに強度が減衰するため，スクリーン上にはほとんど認められない．

　原子間距離の短い原子列，すなわち原子密度の高い原子列は低指数の結晶軸

方向に相当する．具体的には ⟨110⟩, ⟨100⟩, ⟨112⟩, ⟨111⟩, ⟨114⟩ の順に原子間隔は広くなり，円環の半径は小さくなるが，その様子を図 10.9 に示す．

図 10.9 は Si(111) 面を傾けて，[110] 方向と [001] 方向に平行に切断した断面図である．黒丸は断面上に乗っている Si 原子を表し，白丸は断面から浮いている原子の投影位置を示す．左下隅の影で示す長方形は格子定数 a_0 の Si の単位格子の断面である．上で述べた低指数方向の原子列の方向が矢印で示されており，これらの矢印で図示した

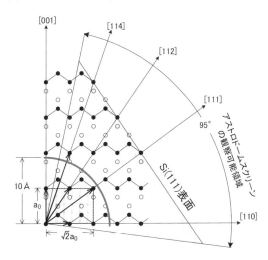

図 10.9　各方向の 1 次元格子列

原子列の原子間隔は 10 Å 程度あるいはそれ以下である．最も短い原子間隔は [110] 方向の原子列であるため，式 (10.11) からわかるように最も半径の大きな環状図形が現れる．2 番目は [001] 方向の原子列であるが，アストロドームスクリーンの取り込み角 95° から外れるため観察領域外となる．このように，従来型の RHEED にアストロドームスクリーンを設置すれば，菊池図形からの結晶内部構造が，環状図形からの原子列に関わる情報を読み取ることができる．

10.4　MEED 図形内の菊池図形

本節では MEED による観察例について紹介する．入射条件をうまく合わせれば，表面からの反射回折斑点を観察できるが，数 keV の入射電子を表面す

れすれでなく，数十度の視射角で入射させれば，電子は数 nm 程度結晶内部に
侵入するため，一般に MEED 図形には菊池図形が回折斑点よりも顕著に現れ
たり，回折斑点も結晶内部からの基本反射が支配的となる．表面構造を反映す
る MEED 図形を観察するには入射エネルギーを低くする，あるいは視射角を
低くするなどの調整が必要となる．

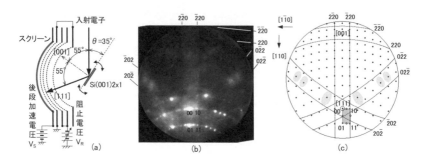

図 10.10　MEED 図形内の回折斑点と菊池線
(a) 装置の概念図と入射条件，(b) 観察された MEED 図形，(c) (b) の計算シミュレーション

　ここでは図 10.10(a) に示す MEED 装置を用いた回折図形を紹介する．
1 keV 程度あるいはそれ以下の入射電子であれば，表面構造を反映する回折
斑点が比較的よく観察できるが，数 keV 程度になると菊池図形が支配的とな
る．図 10.10(b) には Si(001)2×1 表面を用いた観察例を示す．図 (a) にその
MEED 観察時の入射条件を示すが，1.1 keV の入射電子を視射角 $\theta = 35°$ で照
射し，鏡面反射する電子は [111] 方向となる．この入射条件は試料表面に対す
る法線方向（試料真上方向）が [001] 方向に対して 55° の入射角に相当する．
蛍光スクリーンに映る MEED 図形のコントラスト向上のため阻止電圧として
$V_R = -900V$ を印可してバックグランド電子を排除し，かつ蛍光スクリーン
には発光強度を上げるための後段加速電圧（スクリーン電圧）$V_S = 3 kV$ を印
加している．図 (b) の実験 MEED 図形の下部（低出射角の前方散乱方向）ほ
ど回折斑点が見られるが，中央部ないしは上部（後方散乱方向）には回折斑点
は見られず，菊池図形のみとなる．試料を垂直に立てるように回転させ，入射

電子の視射角を更に低くすると回折斑点は更に下部の領域にしか見られなくなるが，表面に敏感な超格子斑点はより顕著に観察される．図 (c) には図 (b) の実験と同様な入射条件で計算した整数次の回折斑点の位置と菊池線を示す．図 (b) の実験 MEED 図形は入射方位が [1 1 0] から僅かにずれてはいるが，計算結果は比較的よく実験結果を再現している．ここで，00，10，01，そして 11 斑点を頂点とする長方形（図 (c) 内の影で示す領域）は逆空間の 2 次元単位格子に相当する．実験観察では 00 斑点と 10 斑点の中央，或いは 01 斑点と 11 斑点の中央には 1/2 次回折斑点が現れているが，00 斑点と 01 斑点の中央，或いは 10 斑点と 11 斑点の中央の 1/2 次回折斑点は極めて弱い．このことから，観察試料は $Si(001)2 \times 1$ 構造が支配的なほぼ単一分域（シングルドメイン）表面であると推察される．

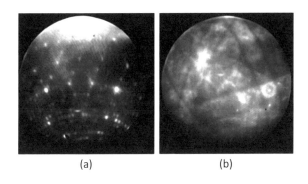

(a)　　　　　　　　(b)

図 10.11　MEED 図形のエネルギー依存性
入射電子エネルギーは (a)200 eV，(b)1.3 keV

図 10.11(a)，(b) は $Si(1 1 1)7 \times 7$ 表面を用いた同一視射角の MEED 図形であり，図 (a) は入射電子のエネルギーの低い $V_0 = 200$ eV，図 (b) はエネルギーの高い $V_0 = 1.3$ keV の場合である．

図 (a) では低速の入射電子のため，電子の侵入は浅く，また後方散乱能が高いため，ほぼスクリーン全面に回折斑点が現れ，菊池図形はほとんど観られない．表面構造を反映する 1/7 次の分数次の斑点が現れていることから，検出深

さは浅く，表面敏感であることがわかる．一方，図 (a) より高速の入射電子を用いた図 (b) では逆に菊池図形が支配的となり，回折斑点はほとんど観察できないことがわかる．菊池図形は入射電子がより深く結晶内に侵入し，結晶内で非弾性散乱して生まれた菊池電子によるものである．このように，MEED 図形は入射電子のエネルギーや視射角を変えることで，観察対象を結晶表面からの回折斑点とするか，結晶内部からの菊池図形とするかを選択できる．

第 11 章

表面形態

　これまで原子の周期配列に基づく回折斑点の幾何学や回折強度について述べたが，本章では表面形態と回折斑点の形状（あるいは斑点の強度分布）について考える.

11.1　表面形態と反射回折図形

　ここでは種々の表面形態に対する逆格子の特徴を述べる. 逆格子の様子がわかれば，これをエワルド球で表面垂直方向，あるいは表面平行方向に切断した RHEED 図形あるいは LEED 図形の特徴を知ることができる. 図 11.1 には種々の表面形態に対する逆格子の形状，そしてその RHEED 図形と LEED 図形の特徴を示す.

　図 11.1(a) は，平坦な単結晶表面の場合である. RHEED 及び LEED では入射する電子線の大部分が表面近傍で反射回折するため，表面原子が作る 2 次元格子による散乱で近似的に説明できる. すなわち，深さ方向の周期性には鈍感であるため，表面垂直方向に沿って一様な強度分布を有する逆格子ロッド群による回折であると近似的に考えることができる. 従って，RHEED 図形は入射電子の視射角を変えても，あるいは LEED では入射電子の加速電圧を変えても常にエワルド球は逆格子ロッド群と交わるため，回折斑点の位置は変化

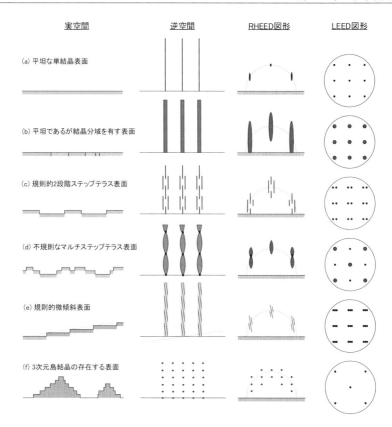

図 11.1　各種表面形態に対する逆格子空間と RHEED および LEED 図形

するものの，ほぼ恒常的に回折斑点が現れることが特徴である．実際には入射電子は表面数原子層内部にも侵入するので，逆格子ロッドはその深さ領域内の周期構造を反映する強度分布を示す．ラウエ関数効果により，逆格子ロッドの太さは表面の単結晶領域が広いほど細くなる．この細いロッドとエワルド球との切断面は小さな点とみなすことができるため，シャープな回折斑点が観察される．

図 11.1(b) は平坦ではあるが結晶分域は小さく，入射電子のコヒーレント領

域内（RHEED のコヒーレント長は 1000 Å 程度，LEED のそれは 100 Å 程度）に結晶分域が多数存在する表面の場合である．ラウエ関数効果により，小さな結晶分域に対して逆格子ロッドは太くなる．その太さは，結晶分域の平均サイズの逆数にほぼ相当する．

例えば，図 11.2 に示すように出射角 θ で鏡面反射波が発生する場合を考える．平均の結晶分域サイズを L とすれば，ラウエ関数効果により 00 ロッドの太さは $1/L$ と見なせる．このロッドをエワルド球で切断するとき，ロッドに幅があるため，エワルド球とロッドとの

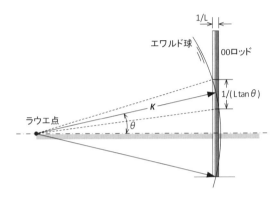

図 11.2　ロッドの切断

交わりは点ではなく表面垂直方向に $1/(L\tan\theta)$ の長さの幅になる．これがRHEED において回折斑点が垂直方向に伸びてストリーク状になる（LEEDでは広がった斑点となる）理由であり，出射角が低い斑点ほど顕著なストリークになる．逆に，ストリーク状の斑点の長さを測定することにより，結晶分域のサイズをおおよそ見積ることができる．このようなストリーク状の斑点は単結晶基板上にエピタキシャル成長した薄膜に対してよく観察される．それは 2次元核の成長に伴い，結晶分域境界が多数形成されるためである．また，2 次元島結晶の方位が基板垂直軸に対して回転した繊維構造やモザイク構造でもストリーク状の斑点は観察される．

図 11.1(c) は入射電子のコヒーレント領域内に，上段と下段の二段のテラスがそれぞれのテラス幅で周期的に繰り返される表面形態である．単原子高さだけ異なる 2 段の周期的テラスがある場合の逆格子空間は，それぞれのテラス表面からの反射波がオンブラッグ条件を満たす近傍では 1 本のロッドとなる

が，オフブラッグ条件を満たす近傍では 1 組の上段と下段のテラスの幅を合わせた周期幅の逆数の値に相当する距離だけ左右にそれぞれ分裂したサテライトロッド状の強度分布が形成される．オンブラッグ条件下では上段 と下段の各テラスからの散乱波は同位相となるため，テラスの上下の識別はなくなり，共に強め合う．ところがオフブラッグ条件下では，上段 と下段の各テラスからのそれぞれの散乱波は反位相の関係となるため，互いのテラス面積で重み付けされた強度で打ち消し合うと同時にその上下 2 段のテラスの周期性を反映する位置に分裂したサテライトストリークが RHEED 図形に，サテライト斑点が LEED 図形に現れる．ただし，図 (c) の RHEED 図形は紙面に対して垂直に入射方位をとった場合のものであり，図 (d)，図 (e) も同様である．

　図 11.1(d) は，上記の理想的な二段の周期的テラス表面をもう少し現実化した不規則な多層テラスを有する表面である．この場合にはテラスの周期間隔が数多く存在するとみなすことができ，オフブラッグ条件下では図 11.1(c) の分裂ロッドがさらに多数分裂してある膨らみを示す．一方，オンブラッグ条件下では各テラスの高さは単原子高さの整数倍であるため各テラスからの散乱波は同位相で互いに強め合い，ロッド強度に節を形成する．第 14 章で述べる RHEED 強度振動を測定する際には，単原子高さだけ異なるそれぞれのテラスからの反射波が反位相となるオフブラッグ条件に視射角を設定する．例えば 2 次元島の層状成長系の場合，成長過程において原子レベルで平坦な表面（原子層の完成時）とラフな表面（原子層の完成途上時）が繰り返し出現する．平坦表面の場合には反射強度は増大するが，一方，ラフ表面の場合には各テラスからの反射電子波は反位相のため反射強度は減少する．したがって，1 原子層の成長周期に対応する反射強度の振動現象が現れる．この現象を利用した RHEED 強度振動測定は，原子レベルでの薄膜成長のモニタおよび制御に広く利用されている．

　図 11.1(e) は低指数表面から 1° 程度以下の微傾斜角を有し，一定幅のテラス・ステップが繰り返す規則的ステップの微傾斜表面の場合である．その逆空間は微傾斜表面に垂直で，かつテラス幅（あるいはステップ周期）の逆数の間

隔で立ち並ぶ複数の（分裂した）微傾斜ロッド群となる．このような微傾斜ロッド群は，図 11.1(b) で述べたようにテラスサイズあるいはその中の結晶分域サイズを反映する逆格子ロッド幅の内部に形成される．すなわち，RHEED図形では微かに傾斜したストリーク状の斑点を生むが，入射方位をステップを下る方向（ステップダウン方向）にすれば付加的斑点列を生む．この詳細な特徴については第 12 章で具体例を用いて紹介する．また，LEED 図形では図のように分裂した斑点を生む．なお，入射電子のコヒーレント長がステップの周期間隔より短い場合にはこのようなステップの形態情報は得られない．

　最後に図 11.1(f) に示すような 3 次元島結晶（あるいはナノクラスタ）が存在する表面について述べる．RHEED の入射視射角を小さくすると，入射電子は 3 次元島結晶内部に侵入し，島結晶内部の 3 次元格子による透過回折により，RHEED 図形内に透過回折斑点を生む．すなわち，島結晶内部の 3 次元格子を反映する逆格子点を用いてエワルドの作図をする必要がある．エワルド球面上あるいはそのすぐ近傍の逆格子点が回折斑点を生む．

　透過回折の一例として，図 11.3(a) に Si(111)7×7 清浄表面に室温で Al を 15 Å 程度真空蒸着した表面の RHEED 観察結果を示す [20]．用いた 10 keV 入射電子の方位は Si(111) 基板の [11$\bar{2}$] 方位であり，視射角は 0.5° である．一般に RHEED 図形内の回折斑点の位置は入射電子の視射角を高くすると，エワルド球と逆格子ロッドとの交点の位置は上昇するため，回折斑点の位置もシャドーエッジから離れる方向に移動する．しかしながら図 11.3(a) の RHEED 図形では入射電子線の視射角変化に対して，回折図形と直接斑点（入射電子が試料をかすめて蛍光スクリーンに到達する点であり図 11.3(b) の 000 逆格子点に相当）との幾何学的位置関係は変化しない．これは透過回折斑点の特徴であり，3 次元の逆格子点を用いて説明できる．すなわち，この回折図形は Al が 3 次元島結晶として Si 基板表面上に形成されており，その結晶島を入射電子が透過回折して生じたものである．RHEED の入射電子の加速電圧は 10kV であるため，そのエワルド球の大きさは逆格子点間隔に比べて十分大きい．したがって，エワルドの"球面"というよりむしろ近似的に"平面"と

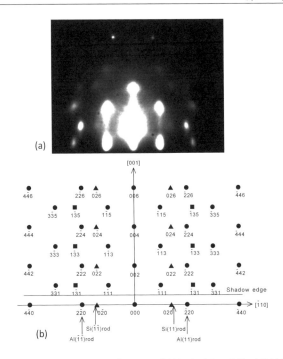

図 11.3　Si(1 1 1)7 × 7 表面上に成長した Al の 3 次元島結晶

(a) 実験 RHEED 図形，(b) 120° 毎に面内回転した逆格子点を重ねた図形

して考えられる．0 次ラウエ帯に存在し，かつエワルド球面の近傍に分布する逆格子"点"（結晶分域サイズが小さい場合は逆格子"ボール"状になる）は RHEED 図形内に透過回折斑点を生む．図 11.3(a) の回折斑点は比較的大きく，そのサイズから平均結晶サイズは 10 Å 程度と推測される．図 11.3(b) は Al の (001) 面が Si(111) 基板表面に平行で Al の [1$\bar{1}$0] 方位が Si の [1$\bar{1}$0] 方位と平行になる配向性を示す．ただし，3 回対称の Si(111) 基板表面上に 4 回対称の Al(001) 面が成長することから Al の結晶分域は 120° 毎の面内回転も存在する．そこで，図 11.3(b) は面内回転するそれぞれの Al 結晶の逆格子点を丸印，四角印，三角印を用いて示し，それらを重ねて表示した．実験観察された RHEED 図形はこのような透過回折図形で全て説明できることがわかる．

　また，3次元結晶島がファセット面を有する場合には，ラウエ関数の効果
と屈折効果により RHEED の回折斑点は髭状に伸びる．LEED で観察すれば
ファセットの対称性を反映した方向に回折斑点の分裂が見られる．このように
回折斑点の形状（強度分布）の特徴からファセット面を明らかにすることがで
きる．これに関しては第 15 章で具体例を示す．

第 12 章

微傾斜表面からの回折

　傾斜基板表面のステップエッジを微細構造の構築基板として，あるいは活性サイトとして利用する研究が注目されている．そこで，ここでは微傾斜表面形態に起因する RHEED 図形の特徴を解説する．本章では傾斜角が 1° 程度以下のいわゆる微傾斜表面に注目し，複数の密集した微傾斜ロッドによる付加的斑点列から微傾斜角を評価する．なお，傾斜角がもう少し大きい数度程度の傾斜表面については次の第 13 章で述べる．

12.1　微傾斜表面からの散乱

　実際の結晶表面を見ると完全に原子レベルで平坦であることはなく，広さの大小はあれど平坦なテラスとその境界の原子ステップが不規則に存在する．ここでは，図 12.1 に示すように，周期的にテラスとステップが繰り返される規則ステップの微傾斜表面が反射回折に及ぼす影響を考える．特に (0 0 1) 表面や (1 1 1) 表面のような低指数面の規則ステップの微傾斜表面を扱う．

　図 12.1 は単純直方格子の (0 0 1) 表面（その表面は長方格子）を想定し，x 軸方向（[1 0 0] 方向）に微傾斜する規則ステップ表面である．ただし，紙面に垂直な y 軸方向（[0 1 0] 方向）に傾斜はないものとする．x 軸方向に原子が間隔 a で M_1 個並んでテラスを形成しているので，テラス長 L は $L = M_1 a$ であ

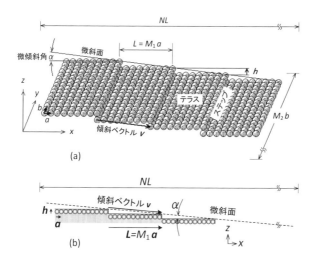

図 12.1 規則的ステップの微傾斜表面

(a) 鳥瞰図，(b) 断面図

る．また，ステップ高さを h とする．入射電子が照射される表面のコヒーレントな領域内には x 軸方向に N 個のステップあるいはテラス（ステップ/テラスと表記する）が連なり，y 軸方向には間隔 b で M_2 個の原子が平坦に並んでいるものとする．第 j 番目のテラス表面の位置ベクトル（例えばそのステップエッジ位置）を $(R_{jx}, 0, z_j)$ とすれば，このテラス表面からの散乱振幅 $\Phi_j(\boldsymbol{s})$ は，

$$
\begin{aligned}
\Phi_j(\boldsymbol{s}) &= e^{-2\pi i(\Gamma+\Gamma_0)z_j} \sum_{m_1=0}^{M_1-1} e^{-2\pi i S_x(R_{jx}+m_1 a)} \sum_{m_2=0}^{M_2-1} e^{-2\pi i S_y m_2 b} F_{\mathrm{CTR}}(\boldsymbol{s})F_0(\boldsymbol{s}) \\
&= e^{-2\pi i\{(\Gamma+\Gamma_0)z_j+S_x R_{jx}\}} \sum_{m_1=0}^{M_1-1} e^{-2\pi i S_x m_1 a} \sum_{m_2=0}^{M_2-1} e^{-2\pi i S_y m_2 b} Q(\boldsymbol{s})
\end{aligned}
\tag{12.1}
$$

となる．ただし，$F_{\mathrm{CTR}}(\boldsymbol{s})$ は表面の 2 次元単位格子から内部に向かって積層する複数の単位胞からの散乱波による CTR 散乱であり，$F_0(\boldsymbol{s})$ は一つの単位

胞内部の代表原子からの散乱波による結晶構造因子である（本ケースでは代表原子は 1 個）．それらは吸収効果も含む．両者の積を $Q(\boldsymbol{s})$ で表すが，これは表面の 2 次元単位格子（長方格子）から真下に向かって散乱に寄与する深さ領域までの全原子からの散乱振幅を表す．表面が平坦であれば従来通り，この $Q(\boldsymbol{s})$ に表面のコヒーレント領域内に広がる 2 次元単位格子の数を掛ければよいが，表面に高さの異なるテラスが存在する場合は，高さの異なる各テラス表面からの反射波の干渉効果を考える必要がある．

　式 (12.1) の 2 つのシグマ記号の中で，前半の m_1 に関する和は第 j 番目のテラス表面上の x 軸方向に並ぶ M_1 個の 2 次元単位格子からの散乱波の和である．後半の m_2 に関する和についても同様に，y 軸方向に並ぶ M_2 個の 2 次元単位格子，すなわち M_2 個の原子からの散乱波の和である．両者の積に $Q(\boldsymbol{s})$ を掛けることにより，第 j 番目のテラス面上及び内部の原子全体からの散乱波の和を表す．その第 j 番目のテラスからの散乱波は高さ z_j から反射波であるため，それを表す式が先頭の $e^{-2\pi i(\Gamma+\Gamma_0)z_j}$ である．このようなテラスからの反射波の干渉は，テラス表面直上の真空側での干渉のため，結晶内部の散乱ベクトル $\boldsymbol{s}$ ではなく，真空側の散乱ベクトル $\boldsymbol{S}$ を用いる．この散乱ベクトルのテラス表面に垂直な成分は $S_z = \Gamma + \Gamma_0$ であり，テラス表面に平行な成分は $\boldsymbol{S}_\| = (S_x, S_y)$ で表す．結晶内の平均内部電位のため，S_z は結晶内の垂直成分 s_z とは大きさが異なるが，平行成分は結晶内のそれと同じ大きさで $(S_x, S_y) = (s_x, s_y)$ である．

　ここではステップを下る方向（ステップダウン方向）に電子を入射しているのでステップ高さを $-h$ として，第 j 番目のステップテラス位置の x 成分と z 成分は

$$\begin{cases} R_{jx} = jM_1a(= jL) \\ z_j = -jh \end{cases} \tag{12.2}$$

で表される．

　図 12.1 に示すステップエッジから隣のステップエッジまでを結ぶベクトル（ここでは傾斜ベクトルと呼ぶ）を $\boldsymbol{v} = (R_{1x}, 0, z_1) = (M_1a, 0, -h)$ とすれば，

第 j 番目のステップエッジの位置ベクトルは $j\boldsymbol{v}$ であり，N 個全てのステップ/テラス表面からの散乱振幅は式 (12.1) から

$$
\begin{aligned}
\Phi(\boldsymbol{s}) &= \sum_{j=0}^{N-1} \Phi_j(\boldsymbol{s}) \\
&= \sum_{j=0}^{N-1} e^{-2\pi i \boldsymbol{S}\cdot j\boldsymbol{v}} \sum_{m_1=0}^{M_1-1} e^{-2\pi i S_x m_1 a} \sum_{m_2=0}^{M_2-1} e^{-2\pi i S_y m_2 b} Q(\boldsymbol{s}) \\
&= \left\{ \sum_{j=0}^{N-1} e^{-2\pi i \boldsymbol{S}\cdot j\boldsymbol{v}} \right\} \left\{ e^{-\pi i S_x(M_1-1)a} \, \frac{\sin(\pi S_x M_1 a)}{\sin(\pi S_x a)} \right\} \\
&\qquad \times \left\{ e^{-\pi i S_y(M_2-1)b} \, \frac{\sin(\pi S_y M_2 b)}{\sin(\pi S_y b)} \right\} Q(\boldsymbol{s}) \qquad (12.3)
\end{aligned}
$$

となる．

　式 (12.3) の最初の j に関する和はステップ/テラスの数 N が大きくなると，$\boldsymbol{S}\cdot\boldsymbol{v} = m$（ただし，$m$ は整数）の時のみ値を有し，それ以外は 0 となる．すなわち，散乱振幅が値を持つためには

$$
S_x M_1 a - S_z h = m
$$
$$
\therefore S_z = \frac{M_1 a}{h} S_x - \frac{m}{h} \qquad (12.4)
$$

でなければならない．ここで，**微傾斜角**を α とすれば，図 12.1 より

$$
\tan\alpha = \frac{h}{M_1 a} \left(= \frac{h}{L} \right) \qquad (12.5)
$$

なので，式 (12.4) は

$$
S_z = \frac{1}{\tan\alpha} S_x - \frac{m}{h} \qquad (12.6)
$$

の関係式が成り立つ必要がある．

　この関係を逆空間における逆格子ロッド（ここでは 00 ロッド）近傍で考える．式 (12.6) は図 12.2 の $S_x - S_z$ 平面に示すように，00 ロッド近傍には表面垂直から微傾斜角 α だけ傾く複数の直線状の強度分布を生む．これらの強度分布を付加的ロッドと見なせば，それらは微傾斜面に対して垂直に伸びる．

付加的ロッドの傾きは L/h であり，付加的ロッドと S_z 軸との交点は白丸で示すように整数 m の値に応じて m/h となる．この白丸は層間距離 h に対する逆格子点に相当する．また，これらの付加的ロッドは微傾斜方向の S_x の方向に $1/L$ の間隔で存在する．付加的ロッドの太さはステップ或はテラスの数 N に反比例し，$1/(NL)$ 程度である．

式 (12.3) の m_1 に関する和は一つのテラス面上の x 軸方向に平坦に並ぶ M_1 個の原子からの散乱波の合成であり，その強度はラウエ関数になる．それは図 12.2 においてテラス面に垂直に立つ逆格子ロッドの太さ（影の幅）として現れる．テラス面が欠陥のない単結晶面であれば，そのロッドの太さ（半値幅）は約 $1/L$ となる．しかしながら，テラス面内には一般に幾つかの結晶分域が存在し，その分域の x 軸方向の平均長さを d とすれば $(d < L)$，ロッドの太さは $1/d$ 程

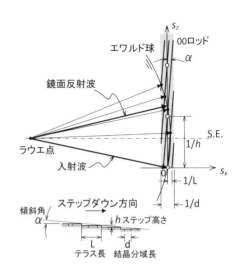

図 12.2　微傾斜表面のステップダウン方向入射

度に広がる．式 (12.3) の最初の j に関する和と 2 番目の m_1 に関する和との積により，図 12.2 の影で示すテラス面垂直に立つ太いロッド内部に斜めに傾く複数の細いロッド状の強度分布が生まれる．

式 (12.3) の最後の m_2 に関する和は y 軸方向のコヒーレントな有限領域内に平坦に並ぶ M_2 個の原子からの散乱波の合成であり，その強度もラウエ関数で表される．M_2 の値が十分に大きければ，その和は $S_y b$ の値が整数の時にのみ M_2 となり，それ以外ではほぼ 0 となる．したがって，ラウエ関数は $S_y b$ が整数のときのみシャープなピークを示す．すなわち，y 軸方向に関しては通常

の平坦表面の場合の逆格子ロッドの配列となり，ロッドの y 軸方向の太さはほぼ $1/(M_2 b)$ の細いものとなる．

図 12.2 に示すように斜面を下る方向に電子線を入射すれば，エワルド球と傾斜した複数の逆格子ロッドが複数点で交わるため，回折斑点は分裂して**付加的斑点列**を形成する．反対に斜面を上る方向（ステップアップ方向）に電子線を入射した場合は，図 12.3 に示すようにエワルド球と複数の傾斜したロッドとの交点は減少する．

付加的斑点列は微傾斜角 $\alpha < 1°$ の場合によく見られる．α が大きくなると，テラス長 L は短くなり，傾斜ロッドの間隔は広がるため，付加的斑点列の斑点の間隔は広がる．しかしながら，このような付加的斑点列は一般に強度が弱く，バックグランドに埋もれて観察困難である．そのため，次節で述べるエネルギーフィルターを用いてバックグランド強度を低減させることが必要となる．また，ここでは規則ステップ表面を想定したが，実際の微傾斜表面では各テラス長に分布があるため，平均テラス長としての解析となる．解析結果の具体例を次節で紹介する．

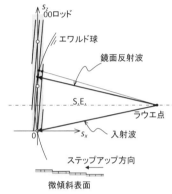

図 12.3 微傾斜表面のステップアップ方向入射

12.2 Si(111) 微傾斜表面からの回折斑点

微傾斜表面に現れる付加的斑点列は強度が弱いため，菊池図形や非弾性散乱電子等によるバックグランド強度に埋もれて観察困難である．そこで図 12.4(a) に示す**エネルギーフィルタ型 RHEED** 装置 [14] を用い，このような微弱な強度分布を観察した結果を図 12.4(b) に示す．

この装置は蛍光スクリーン直近の試料側に球面整形が施された 3 枚の金属

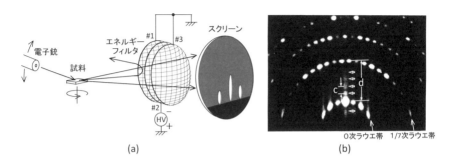

図 12.4 エネルギーフィルタ型 RHEED で観察される付加的斑点列

(a) エネルギーフィルタの概念図，(b) 微傾斜 Si(111)7×7 からの RHEED 図形

メッシュが備えられており，各球面の曲率の中心は試料位置に一致する．このような装備をエネルギーフィルタと呼ぶ．両サイドのメッシュ #1，#3 は接地されており，中央のメッシュ #2 には負の阻止電圧が印可されるため，このエネルギー障壁を乗り越えられないエネルギー損失電子（非弾性散乱電子）は反跳されて蛍光スクリーンに到達できない．すなわち，それはハイパスフィルタとして機能する．したがって，回折図形内のバックグランド強度や菊池線は排除され，図 12.4(b) に見られるようなコントラストの高い回折図形が観察できる．これは 10 keV の入射電子に対し，エネルギーフィルタの阻止電圧として-10 kV を印可したときの弾性散乱電子のみからなる回折図形である．

　注目すべきは，鏡面反射斑点の上下方向に矢印で示す付加的斑点列が観察できることである．この回折図形は，Si(111)7×7 表面に対して入射電子を視射角 1.6° で [11$\bar{2}$] の入射方位で観察されたものであり，入射方位を反対向きの [$\bar{1}\bar{1}$2] にすると付加的斑点は少なくなる．このことから [11$\bar{2}$] の入射方位はステップを下る方向であることが確認される．

　今，図 12.4(b) に示すように付加的斑点の間隔を c とする．また，0 次ラウエ帯と 1/7 次ラウエ帯の円弧間の垂直距離を d とする．この d の値は図 12.5 に示す実空間の Si(111)7×7 単位格子に対して，[11$\bar{2}$] 方向のコーナーホール間の距離 $D = 7\sqrt{3/2}a_0 = 46.6$ Å の逆数に対応する．なお，Si の格子定数は

$a_0 = 5.43$ Å である.

一方, 間隔 c は $[11\bar{2}]$ 方向の平均テラス長 L の逆数に対応する. これらの実測比 $d/c = 5.4$ からテラス長は $L = D \times (d/c) \cong 250$ Å と概算される. ステップ高さを Si(111) 二重層の高さ 3.14 Å とすれば, 微傾斜角は $\alpha = 0.72°$ と見積もられる.

図 12.6(a) は, 図 12.4(b) と同じ入射方位で, 入射電子の視射角を $0.2°$ づつ変化させた時の鏡面反射斑点を含む垂直方向の回折図形を短冊状に切り取り, 横に並べたものである. こ

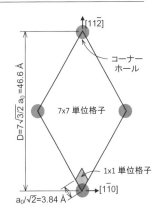

図 12.5 DAS 構造の 7×7 単位格子

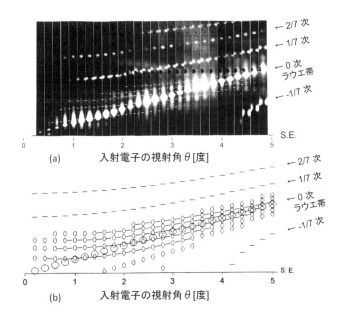

図 12.6 Si(111)7×7 微傾斜表面からの付加的斑点列の視射角変化

(a) 実験観察結果, (b) 計算結果

の図は視射角変化に対する鏡面反射斑点近傍の付加的斑点列の位置変化を調べ
たものであり，0 次以外にも分数次のラウエ帯の位置も記した．図 12.6(a) よ
り，鏡面反射斑点の位置は視射角増大にほぼ比例して上昇するが，付加的斑点
の位置は白い破線で示すように鏡面反射斑点とは異なる軌跡を描き，それぞれ
の付加的斑点は鏡面反射斑点と交差する．

　図 12.4(b) から得られた微傾斜角 $\alpha = 0.72°$ を用いて計算した付加的斑点の
位置を小さな楕円印で図 12.6(b) に示し，直線で繋いでその軌跡を明示した．
なお，少し大きな丸印は 0 次ラウエ帯上の鏡面反射斑点の位置を示す．また，
参考までに分数次のラウエ帯の位置も短い横線で示した．図 12.6(b) の付加的
斑点列の軌跡は図 12.6(a) の観察結果をよく再現することがわかる．このこと
から，付加的斑点列は微傾斜表面がその起源であることが確認される．

12.3　Si(0 0 1) 微傾斜表面からの回折斑点

　図 12.7 に示すように，Si(0 0 1) 表
面は表面エネルギーを下げるため，隣
り合う原子が互いに寄り添って**二量体**
（**ダイマー**）列を形成することが知られ
ており，これを 2×1 表面超構造という．
しかしながら，図に示すように，1 原子
層高さ（$h = d_{004} = 1.36\,\text{Å}$）のステッ
プ（これを単原子ステップという）を越
えると原子配列の位相が 90° 回転する
ため，ダイマー列の向きも 90° 回転し，
2×1 ではなく 1×2 表面超構造を形成す

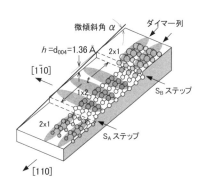

図 12.7　微傾斜 Si(0 0 1)2×1 表面

る．このように，単原子ステップを介した両側のテラス表面はダイマー列が直
交するため，単原子ステップ表面では 2×1 と 1×2 の両超構造のテラスあるい
は**分域（ドメイン）**からの回折図形が重なった，いわゆる**二重分域（ダブルド**

メイン）の反射回折図形が現れる．微傾斜角や加熱温度を制御することで，単原子ステップが集まって（これを**バンチング**という）2 原子層高さ（これを**ダブルステップ**という）あるいは偶数層高さのステップ高さとなれば，このバンチングステップを挟んだ両側のテラス表面は同方向のダイマー列となるため，このような表面を超構造の観点から**単分域（シングルドメイン）**表面という．ここでは規則的な単原子ステップから成る二重分域の Si(001)2×1 微傾斜表面について扱う．

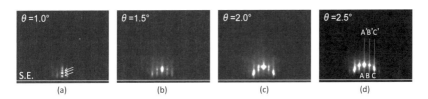

図 12.8   微傾斜 Si(001)2×1 からの RHEED 図形
(a) $\theta = 1.0°$, (b) $\theta = 1.5°$, (c) $\theta = 2.0°$, (d) $\theta = 2.5°$

　実験に用いた Si(001) 単結晶試料は ±0.1° 程度のオフ角誤差を有すとされている市販品である．図 12.8 にこの二重分域の Si(001)2×1 微傾斜表面からのエネルギーフィルタされた RHEED 図形を示す．10 keV の電子線を [110] 方向に入射し，阻止電圧として-9.97 kV を印加して RHEED 図形を観察している．すなわち，エネルギー損失 30 eV から 0 eV までの弾性散乱近傍の電子による回折図形である．この程度の阻止電圧であっても，多くの非弾性散乱電子が排除されて十分高いコントラストの回折図形となる．入射電子の視射角 θ を図 (a) の 1.0° から図 (d) の 2.5° まで変化させた 4 枚の回折図形が示されており，視射角を高くするにつれて 0 次ラウエ帯上の回折斑点が円弧状に昇ってゆく様子が見られる．特に低視射角の図 (a) には鏡面反射斑点（00 斑点）近傍に矢印で示すような少なからずの付加的斑点が観察され，微傾斜表面のステップを下る方向の入射であることが伺える．00, 0$\frac{1}{2}$, 01 それぞれの回折斑点近傍の付加的斑点列位置の視射角変化を見るため，図 (d) に示すようにそれぞれ

の回折斑点上のラインプロファイル A–A'，B–B'，C–C' の視射角変化を次に示す．

図 12.9(a) は図 12.8(a) の拡大写真である．鏡面反射斑点近傍には複数の付加的斑点列が見られるため，それらを下から順に SP1 から SP3 と名付ける．00 斑点近傍の付加的斑点列 SP1 から SP3 の位置は視射角変化に対して図 12.9(b) のような軌跡を描いた．これはラインプロファイル A–A' の視射角変化であり，黒いほど強い強度を示す．この付加的斑点列の軌跡を計算した結果を図 12.9(c) に示す．小さな黒い楕円の点は付加的斑点の位置を示し，同種の付加的斑点を直線で結び，視射角変化に対する軌跡を明示した．また，少し大きな白丸は鏡面反射斑点の位置を示す．この計算ではステップの高さ $h = 1.36\,\text{Å}$ で平均テラス幅 $t = 250\,\text{Å}$ として微傾斜角 $\alpha = 0.11°$ を想定したときの結果であり，実験結果をよく再現することがわかる．

他の $0\,\frac{1}{2}$ 斑点や 01 斑点近傍の付加的

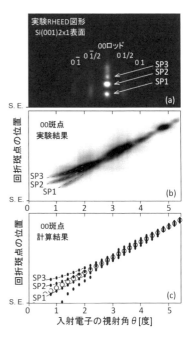

図 12.9　微傾斜 Si(001)2 × 1 からの RHEED 図形と付加的斑点列

(a) エネルギーフィルタされた RHEED 図形, (b) 00 斑点上のラインプロファイル A-A' の視射角変化, (c) (b) の計算結果

斑点列に対しても同様に，ラインプロファイル B–B' とラインプロファイル C–C' の視射角変化をそれぞれ図 12.10(a)，(b) に示す．また，同じ微傾斜角 $\alpha = 0.11°$ を想定して計算した結果も並べて示すが，それらは観測された付加的斑点位置の視射角依存性を比較的よく再現できることがわかる．なお，入射方位を反対向きの $[\bar{1}\bar{1}0]$ にすると付加的斑点の数は減少する．このように解

析された微傾斜角 $\alpha = 0.11°$ は，試料スペックにもほぼ一致することから，エネルギーフィルターを用いた RHEED 図形に現れる付加的斑点列の解析から，$1°$ 以下の微傾斜角が検出できる．

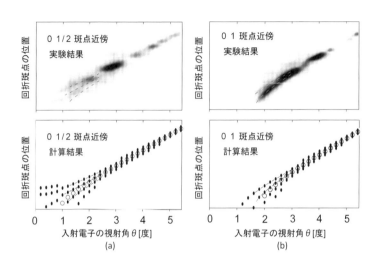

図 12.10　微傾斜 Si(0 0 1)2×1 からの付加的斑点列の視射角変化と計算結果 (a) 0 $\frac{1}{2}$ 斑点近傍（B–B'）の付加的斑点，(b) 0 1 斑点近傍（C–C'）の付加的斑点

第 13 章

傾斜表面からの菊池線と回折斑点

　前章では傾斜角 1° 以下のいわゆる微傾斜表面からの RHEED 図形に現れる付加的斑点列を解析した．ここでは傾斜角がもう少し大きい（数度程度の）傾斜表面からの回折斑点と菊池図形との幾何学的位置関係について解析する．

13.1　RHEED 図形内の回折斑点と菊池図形の屈折

　RHEED 図形内には回折斑点以外にも菊池図形が含まれる．特に，入射電子の視射角が大きくなると結晶内部に侵入する電子の割合が増えるとともに，非弾性散乱を経た電子による菊池図形の強度は強くなる．

　RHEED 法では，一般に結晶表面近傍の 2 次元原子配列に由来する逆格子ロッドとエワルド球との交点から反射電子の出射方向が決まる．しかしながら，図 13.1 に示すように電子線は傾斜表面の入射面および出射面で屈折を受けるため，特に低角で入射あるいは出射する場合には表面垂直方向に無視できない程度に進行方向を曲げる．図 13.1(a) では低指数面からの傾斜角が α の傾斜表面のステップを下る方向に真空から波数ベクトル $\boldsymbol{K}_0$ の電子線を視射角 θ で入射させた場合，入射面では結晶内部に向かって屈折し，結晶内では波数ベ

クトル k_0 の入射電子として侵入する．例えば，結晶内で鏡面反射した波数ベクトル k の電子は出射面で再び屈折して波数ベクトル K の反射回折電子として真空中に出射する．傾斜表面はステップとテラスから構成されるが，ここでは周期的な規則的ステップを想定し，それらを平滑化（あるいは平均化）した表面で屈折効果を計算する．図 13.1(b)，(c) に示すように，入射面あるいは出射面での真空中と結晶内での電子の波数ベクトルは傾斜表面に平行な成分は互いに等しく，垂直方向成分は結晶内の平均内部電位により異なる．

ここでは，結晶表面の2次元格子に由来する逆格子"ロッド"を用いたエワルドの作図から得られる回折斑点に加え，結晶内部の3次元格子面に由来する逆格子"点"を用いた結晶内部から発生する回折斑点も求めた．この逆格子点には数十Å程度の結晶分域に相当する膨らみを与え，エワルド球との交わりを判断した．

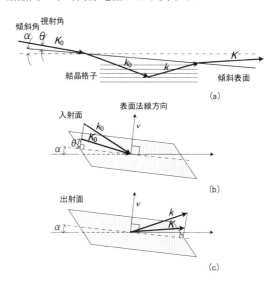

(a)

(b)

(c)

図 13.1 傾斜表面の入射面と反射面での屈折

(a) 傾斜角 α の傾斜表面に視射角 θ で入射する電子波の軌跡，(b) 真空中と結晶内の入射波数ベクトル K_0 と k_0 の関係，(c) 真空中と結晶内の反射波数ベクトル K と k の関係

一部の入射電子は非弾性散乱過程を経ながら結晶内部にまで侵入するが，特にフォノン散乱による非弾性散乱電子の損失エネルギーは 1 eV 以下のため，入射波数ベクトルの大きさの変化はほとんど無視できる．しかし，その進行方向は広がりを示すため，結晶内では多くの3次元格子面によるブラッグ反射条件が満たされ，菊池電子として表面から出射して菊池図形を形成する．この菊池電子は結晶内部で

発生するため，出射面における屈折効果のみを考慮すればよい．

13.2　傾斜表面の作成

　ここで用いた試料は Si(001) および Si(111) 単結晶表面であり，傾斜試料の作成には研磨紙#2000 を用いた粗研磨を行った後，ポリパスとアルミナパウダー（粒径 0.03 μm）を用い，研磨装置により鏡面研磨を施したものである．試料の傾斜方向は図 13.2 に示すように，Si(001) については [110] 方向に，Si(111) については [10$\bar{1}$] 方向である．それぞれの傾斜角は $\alpha = 2.5°$ と $\alpha = 3.1°$ であることが X 線回折（X-ray diffraction, XRD）により評価された．このとき，Si(001) 傾斜表面のステップ高さ h を 1 原子高さの $d_{004} = 1.36$ Å とすれば，平均ステップ長は $L = 31.1$ Å である．一方，Si(111) 傾斜表面の場合は，表面のステップ高さ h を原子二重層の周期間隔 $d_{111} = 3.14$ Å とすれば，平均ステップ長は $L = 58.0$ Å である．

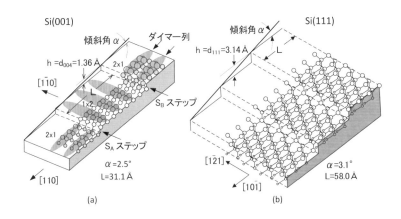

図 13.2　傾斜表面モデル

(a) 規則傾斜の Si(001) 表面，(b) 規則傾斜の Si(111) 表面

　図 13.2(a) の Si(001) 表面には隣接する表面原子が寄り添ってできるダイマー（二量体）の列が影で示されており，1 原子高さの S_A あるいは S_B ステッ

プを挟んで上段と下段のテラス表面のダイマー列は互いに直交する．すなわ
ち，2×1 超構造と 1×2 超構造の二重分域表面が描かれている．図 13.2(b)
の Si(1 1 1) 表面のテラス上には 7 × 7 超構造が形成されているが，図ではあ
くまでも概念図であり，テラス長が短いため超構造の描写は省かれている．
RHEED 観察においては超高真空下で約 1200 ℃ までの通電加熱による表面
の清浄化を行った後，10 keV の入射電子を用いて観察を行った．その観察結
果と解析結果を次に述べる．

13.3　Si(0 0 1) 傾斜表面の RHEED 図形

　図 13.3 に Si(0 0 1)2×1 二重分域表面の傾斜なし（ジャスト面）と傾斜表面
（傾斜角 $\alpha = 2.5°$）に対してステップダウン方向とステップアップ方向に入
射した RHEED 図形をそれぞれ計算 RHEED 図形と並べて図 (a) から図 (c)
に示す．ただし，計算は回折斑点や菊池線の幾何学的位置についてのみ行っ
ており，強度計算は行っていない．計算 RHEED 図形では，基本（整数次）
逆格子ロッドから求めた基本反射斑点を「○」印で示す．たとえジャスト面
の Si(0 0 1) 清浄表面であっても実際にはステップは必ず存在するため，可干
渉（コヒーレント）領域内には互いに直交する方向にダイマー列が存在し，二
重分域の 2 倍周期構造（2×1 構造と 1×2 構造の混在表面であり，**二重分域の
2×1 構造**と言う）の回折図形が現れる．そこで，計算による RHEED 図形で
は 2×1 超格子斑点群を形式的に「×」印で，1×2 超格子斑点群を「＋」印で
識別した．実験の RHEED 図形では 2×1 と 1×2 の両超格子斑点がほぼ同程
度の強度で観察されているため，1 原子高さのステップで隔てられた 2×1 と
1×2 の両超構造のテラス表面はほぼ同じ面積比で存在するものと考えられる．

　図 13.3(a) の入射条件は，[1 1 0] 方位で視射角 $\theta = 3.1°$ である．表面の
2 次元格子に基づく逆格子ロッドを用いて計算された RHEED 図形の幾何学
は，二重分域の Si(0 0 1)2×1 表面の実験観察図形とよく一致している．

　また，計算結果には禁制反射も含めた複数の菊池線も描いている．観察図形

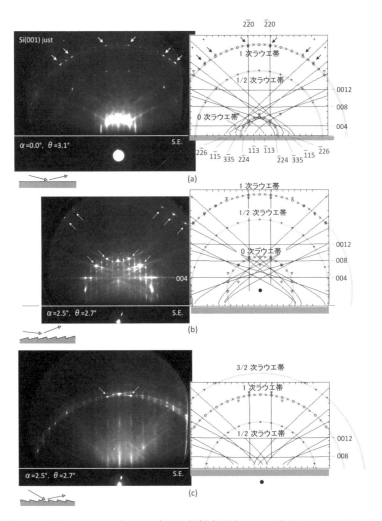

図 13.3 Si(0 0 1)2×1 ジャスト表面と傾斜表面 ($\alpha = 2.5°$) からの RHEED
図形と計算図形

(a) ジャスト表面 (視射角 $\theta = 3.1°$), (b) ステップダウン入射 (視射角 $\theta = 2.7°$), (c) ステップ
アップ入射 (視射角 $\theta = 2.7°$)

の菊池線のコントラストは弱いものの，計算結果とよく対応している．この入射条件では，斜めに走る菊池線は認められるが，シャドーエッジ（S.E.）と平行に走る菊池線がほとんど確認されない．

　さらに，図 13.3 には入射電子が結晶内の 3 次元格子によって反射回折して出射する回折斑点を「▽」印で示す．これは逆格子'ロッド'ではなく，膨らみを持たせた逆格子'点'とエワルド球との交点がある場合に同様な計算から回折斑点を求めたものであり，結晶内の 3 次元格子の回折条件を満たすときに現れる．このような回折電子は菊池線と同様に，表面から 10 ないし 20 Å 内部までの深さ領域で発生すると考えられる．なお，表面超構造も存在することから禁制則は十分働かないものと考え，計算では禁制反射斑点も含めた．

　図 13.3(a) のジャスト面のように，比較的平坦な表面に対して入射視射角が浅い場合には，一般に表面の 2 次元格子による反射回折が支配的である．しかしながら，出射角の高い 1 次ラウエ帯上では矢印で示すように，表面の 2 次元格子による基本反射斑点（○印）と結晶内からの回折斑点（▽印）が重なる場合，一般に斑点強度の増大が認められる．これは，出射角の高い 1 次ラウエ帯上の反射回折電子は脱出深さが深くなるため，結晶内部の 3 次元格子による回折条件も斑点強度に影響を与えるものと考えられる．

　図 13.3(b) はステップダウン方向の [1̄10] 入射方位で視射角 $\theta = 2.7°$ で観察された RHEED 図形とその計算結果である．図 (a) のジャスト面の菊池図形が上方に傾斜角 $\alpha = 2.5°$ 分だけ移動している．また，灰色で示す円弧状の各ラウエ帯の中心点（黒点で示す）も，シャドーエッジ（S.E.）から傾斜角 $\alpha = 2.5°$ 分だけ上方に移動している．

　回折斑点とともに菊池図形についても計算結果は実験をよく再現している．特にシャドーエッジ（S.E.）に平行な 004 菊池線は図 (b) の実験 RHEED 図形に強く現れており，これは図 (a) のジャスト面の場合とは異なる特徴である．結晶内部で発生した強い 004 菊池電子の出射角がジャスト面の 1.7°（結晶内での出射角は 2.6°）に比べて，ステップダウン入射では 4.7°（結晶内での出射角は 5.1°）と高くなるため，図 13.4 に示すように表面に到達するまでの

距離が短くなり，より吸収（減衰）を受けずに出射できるためと考えられる．なお，００８や００１２の菊池電子はより高い出射角ではあるが，発生強度そのものが００４の菊池電子よりもかなり弱いためほとんど視認できない．

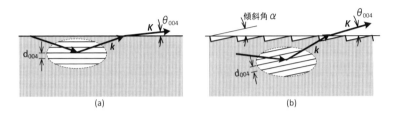

図 13.4　ステップダウン方向に入射したときの菊池電子の出射角
(a) 傾斜なしのジャスト表面，(b) 傾斜表面

　また，ジャスト面と同様に，表面からの２次元回折斑点（〇印）と結晶内部からの３次元回折斑点（▽印）が重なる斑点（矢印で示す）強度は強いことが観察される．

　図 13.3(c) は試料の入射方位を 180° 回転させ，ステップアップ方向の $[1\bar{1}0]$ 入射方位で観察された RHEED 図形を計算結果と並べて示す．比較のため視射角は，図 (b) のステップダウン方向と同じ $\theta = 2.7°$ とした．1/2 次ラウエ帯上の 1×2 構造の超格子斑点（＋印）が 1 次ラウエ帯上の 2×1 構造の超格子斑点（×印）がともに観察され，２重分域表面であることが確認される．ステップアップ方向ではジャスト面の菊池図形が傾斜角 $\alpha = 2.5°$ だけ下方に移動する．また，回折斑点はステップダウン方向とかなり様相が異なり，回折斑点はストリーク状になっていることが特徴的である．この場合においても結晶内部の３次元格子による回折斑点が表面の２次元格子による回折斑点と一致或いは近接する場合に，矢印で示すように強度増大が観察される．また，００４菊池線はシャドーエッジ下に潜り込んで観察できない．

13.4　Si(1 1 1) 傾斜表面の RHEED 図形

図 13.5 に，Si(1 1 1)7×7 表面の (a) 傾斜なし（ジャスト面）と傾斜表面（傾斜角 $\alpha = 3.1°$）に対して (b) ステップダウン方向と (c) ステップアップ方向に入射した実験 RHEED 図形とその計算図形をそれぞれ並べて示す．なお，傾斜角 $\alpha = 3.1°$ の Si(111) 傾斜表面のステップダウン方向の $[10\bar{1}]$ 方位とステップアップ方向の $[\bar{1}01]$ 方位は試料を 180° 回転させて観察したものであり，非対称な菊池図形は左右反転している．

計算 RHEED 図形では，基本（整数次）逆格子ロッドから求めた基本反射斑点を「○」印で示す．Si(1 1 1) 清浄表面では 7 倍周期の 7×7 構造が実験 RHEED 図形に認められる．そこで，計算では $n/7$ 次周期（n は整数）の超格子ロッドを想定してエワルドの作図から超格子斑点（小さな黒点で示す）を求めた．入射電子が結晶内の 3 次元格子によって反射回折して出射する回折斑点を Si(001) の場合と同様に「▽」印で示す．

図 13.5(a) に示すジャスト面の入射条件は，$[10\bar{1}]$ 方位で視射角 $\theta = 3.6°$ である．計算された RHEED 図形の幾何学は，観察図形とよく一致している．Si(001) と同様に，ジャスト面のような比較的平坦な表面に対して入射視射角が浅い場合には表面の 2 次元格子による反射回折が支配的であるが，出射角の高い 1 次ラウエ帯上では矢印で示すように，○印に▽印が重なる斑点には強度増大が認められる．出射角の高い 1 次ラウエ帯上の反射回折電子は脱出深さが深いため，結晶内部の 3 次元格子による回折条件も斑点強度に影響を与えるものと考えられる．

図 13.5(b) はステップダウン方向の $[10\bar{1}]$ 入射方位で視射角 $\theta = 3.1°$ の RHEED 図形である．7×7 超格子斑点はほとんど確認できない．図 13.2(b) に示すように，今回用いた傾斜角 $\alpha = 3.1°$ の傾斜表面の平均テラス長は $L = 58 \text{Å}$ となる．一方，7×7 単位格子のサイズは大きく，$\langle 110 \rangle$ 方向の 1 辺の長さは図 9.11 に示すように約 27 Å である．したがって，この傾斜試料では

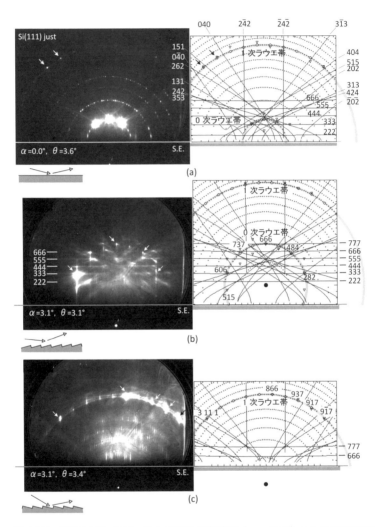

図 13.5　Si(1 1 1)7×7 ジャスト表面と傾斜表面（$\alpha = 3.1°$）からの RHEED 図形と計算図形

(a) ジャスト表面（視射角 $\theta = 3.6°$），(b) ステップダウン入射（視射角 $\theta = 3.1°$），(c) ステップアップ入射（視射角 $\theta = 3.4°$）

テラス長あたり，２個程度の 7×7 超格子しか存在できない狭いテラス長である．このような数少ない 7×7 超格子のため，ラウエ関数効果により分数次の逆格子ロッドはテラス長方向に広がる．その上，ステップダウン方向においては図 13.6(b) に示すように，入射電子の一部はステップエッジに遮られ，それによる影のため入射電子がテラス表面を照射する割合は減少し，7×7 超格子の認識は更に困難になるものと考えられる．

　菊池図形は，ジャスト面のそれより傾斜角 $\alpha = 3.1°$ 分だけ上方に移動する．特に S.E. に水平な複数の菊池線が強く現れる点は図 13.3(b) のステップダウン方向の Si(001) の場合と同様である．

　一方，図 13.5(c) に示すステップアップ方向の視射角 $\theta = 3.4°$ の入射では数多くの 7×7 超格子斑点がストリーク状に観察される．ストリーク状の超格子斑点は，図 13.3(c) の Si(001) のステップアップ方向入射の特徴と同様である．このステップアップ入射では，テラス面全体が入射電子に照射されるものの，狭いテラス長に存在する数少ない 7×7 超格子のため，テラス長方向に逆格子ロッドは広がり，ストリーク状の斑点を形成する．さらに，図 13.6(c) に示すように一部の反射回折電子はステップエッジを引っ掛けて脱出するため，そこでの屈折効果もストリーク状の広がりを生む要因と考えられる．

13.5　まとめ

　本章で紹介した傾斜表面からの RHEED 図形の特徴を図 13.6 を用いてまとめる．なお，図では入射視射角 θ で表面の２次元格子により反射回折する電子に加え，深さ d の３次元格子面で回折する結晶内の３次元回折電子や菊池電子も描いた．

　ジャスト面の場合は図 13.6(a) に示すように入射電子は表面全体を照射し，表面からの２次元回折が主となる．一部の電子は表面内部に数十Åまで侵入し，結晶内部の３次元格子による回折電子や菊池電子を生む．

　ところが図 13.6(b) に示すように傾斜表面のステップダウン方向の入射で

は，入射電子はステップエッジの影となる領域を除く表面（図 13.6(b) の濃い部分）に照射される．それにより，表面からの 2 次元回折の割合は減少し，表面構造情報は減少する．反対に，結晶内部で生まれる 3 次元回折電子や菊池電子は表面に到達する距離（脱出距離 l）が短くなるため，3 次元回折斑点や菊池図形の強度は増大する．

　一方，図 13.6(c) に示すようにステップアップ方向の入射では，入射電子は表面全体を照射するため表面からの 2 次元回折強度はステップダウン方向より強い．しかしながら，反射回折電子の一部はステップ端を引っ掛けるため屈折の影響を受け，更なるストリーク状となる．また，一部の電子は結晶内部に侵入し，3 次元回折電子や菊池電子を生むが，表面に到達するまでの距離 が長くなるため大きな強度減衰を受ける．もちろん，脱出視射角が大きければ表面到達距離 は短くなり，RHEED 図形の高角脱出領域には結晶内部からの回折電子が含まれる．

　このように，結晶内部で発生する菊池図形や 3 次元回折斑点がステップダウン方向の入射で比較的強く現れ，一方，ステップアップ方向の入射では逆に表面超格子斑点の方が比較的強く現れるのは上記理由によるためと考えられる．特に Si(1 1 1) 傾斜表面のステップ高さは図 13.2 に示されるように $d_{111} = 3.14$ Å であり，Si(0 0 1) 傾斜表面のステップ高さ $d_{004} = 1.36$ Å よりも高く，表面超格子のサイズも大きいことから Si(1 1 1) 傾斜表面の方が上記特徴は顕著に現れる．また，傾斜角に依存して菊池図形と回折斑点との幾何学的位置関係は変化する．

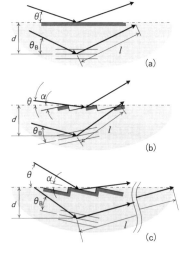

図 13.6　ジャスト表面と傾斜表面に対する RHEED 図形の特性

(a) 傾斜なしの表面，(b) ステップダウン方向入射，(c) ステップアップ方向入射

第 14 章

RHEED 強度振動

　RHEED 法は表面構造や薄膜の結晶性を評価・分析するのみならず，薄膜成長モニタとしても利用されている．本章では薄膜成長とともに RHEED の回折斑点強度が振動する現象について運動学的に考察する．

14.1　薄膜成長と RHEED 強度振動

　基板結晶の原子配列周期に倣って原子が堆積し，結晶性の良い薄膜が形成されることを**エピタキシャル成長**と呼ぶ．このような結晶性の良い薄膜形成は電子デバイスの構成には必須である．エピタキシャル成長時において，RHEEDの反射強度が周期的に変化することが 1981 年 Harris らによって発見され [15]，その後，

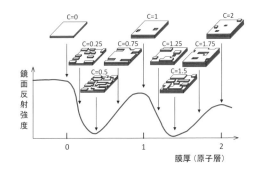

図 14.1　RHEED 強度振動
層状成長する薄膜の膜厚に対する鏡面反射強度の振動現象

Joyce らにより図 14.1 のように解釈された [16]．すなわち，鏡面反射強度は

表面が原子レベルで平坦になると強くなり，表面が荒れてくると（ステップ密度が高くなると）弱くなることが期待され，原子が 2 次元層状成長する時には 1 原子層が成長するたびに荒れた表面と平坦な表面が繰り返し現われるため，強度減少と強度増大が周期的に現われるというものである．この現象は RHEED 強度振動と呼ばれ，薄膜成長の観察や制御に広く用いられている．[15–17]

14.2   多くのステップを含む表面

まず，微傾斜表面のように規則的にステップが配列するのではなく，図 14.2 に示すようにランダムにステップ/テラスが存在する表面を扱う．すなわち，テラスの表面積やステップ高さの異なる多くのステップ/テラスが存在する荒れた表面である．

図 14.2 に示すように，第 j 番目のテラス表面の位置ベクトルを表面平行成分と垂直成分に分けて $(\boldsymbol{R}_{\|j}, z_j)$ とすれば，そのテラスからの散乱振幅は真空中の散乱ベクトル $\boldsymbol{S} = (\boldsymbol{S}_\|, \Gamma + \Gamma_0)$ を用い，

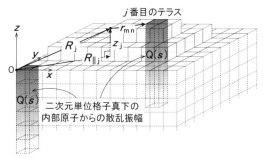

図 14.2　表面上の各テラスからの反射

$$\Phi_j(\boldsymbol{S}) = e^{-2\pi i(\Gamma+\Gamma_0)z_j}\left\{\sum_m \sum_n e^{-2\pi i \boldsymbol{S}_\| \cdot (\boldsymbol{r}_{mn}+\boldsymbol{R}_{\|j})}\right\}Q(\boldsymbol{s})$$

$$= e^{-2\pi i(\Gamma+\Gamma_0)z_j}T_j(\boldsymbol{S}_\|)e^{-2\pi i \boldsymbol{S}_\| \cdot \boldsymbol{R}_{\|j}}Q(\boldsymbol{s}) \tag{14.1}$$

で表される．$Q(\boldsymbol{s})$ は表面の 2 次元単位格子を上面とし，それから結晶内部に向かって反射強度に寄与する深さまでの領域からの散乱振幅を表すものであり，入射条件を固定すれば定数と見なせる．hk 反射は，散乱ベクトルの表面平行成分 $\boldsymbol{S}_\|$ をロッドベクトル $\boldsymbol{B}_{hk}$ とすればよい．式 (14.1) の 1 行目の中括

弧内は，j 番目のテラス表面上の x 軸方向に m 番目，y 軸方向に n 番目の 2 次元単位格子からの反射波をそのテラス表面全体にわたって総和を求めている．実はこの m, n は j に依存するため，正式には m_j, n_j と記載すべきであるが，煩雑化のため省略した．ここで，$T_j(\boldsymbol{S}_\parallel)$ は，第 j 番目のテラス表面の 2 次元形状因子であり，

$$T_j(\boldsymbol{S}_\parallel) \equiv \sum_m \sum_n e^{-2\pi i \boldsymbol{S}_\parallel \cdot \boldsymbol{r}_{mn}} \tag{14.2}$$

と置いた．

全テラス表面からの散乱振幅は各テラス表面からの散乱波の総和であるから

$$\begin{aligned}
\varPhi(\boldsymbol{S}) &= \sum_j \varPhi_j(\boldsymbol{S}) \\
&= Q(\boldsymbol{s}) \sum_j T_j(\boldsymbol{S}_\parallel) e^{-2\pi i (\Gamma + \Gamma_0) z_j} e^{-2\pi i \boldsymbol{S}_\parallel \cdot \boldsymbol{R}_{\parallel j}}
\end{aligned} \tag{14.3}$$

で求められる．したがって，回折強度 I は

$$\begin{aligned}
I &= \varPhi(\boldsymbol{S})\varPhi^*(\boldsymbol{S}) \\
&= |Q(\boldsymbol{s})|^2 \Big\{ \sum_j |T_j(\boldsymbol{S}_\parallel)|^2 \\
&\quad + \sum_j \sum_{k \neq j} T_j(\boldsymbol{S}_\parallel) T_k^*(\boldsymbol{S}_\parallel) e^{-2\pi i (\Gamma + \Gamma_0)(z_j - z_k)} e^{-2\pi i \boldsymbol{S}_\parallel \cdot (\boldsymbol{R}_{\parallel j} - \boldsymbol{R}_{\parallel k})} \Big\}
\end{aligned} \tag{14.4}$$

となる．

式 (14.4) のグラフを図 14.3 に示す．式 (14.4) の中括弧内の前半の項は各テラス表面の平均的ラウエ関数であり，一点鎖線のグラフで示す．その半値幅はテラスの平均サイズの逆数に相当する．後半の項は各テラスからの散乱波の干渉を表し，破線のグラフで示す．これは $\boldsymbol{S}_\parallel$ 方向に対して振動する．従って

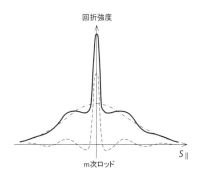

図 14.3 ロッド近傍の回折強度分布

m 次回折強度は全体として図の実線で示すように鋭いピークと幅広い分布の重ね合わせとなる.

14.3　RHEED 強度振動の運動学的解釈

鏡面反射強度は式 (14.4) において $\boldsymbol{S}_\| = 0$ と置く. この場合, 入射波 $\boldsymbol{K}_0$ と反射波 $\boldsymbol{K}$ のそれぞれの表面垂直成分 Γ_0 と Γ の大きさは等しく $\Gamma_0 = \Gamma$ となるので

$$I = |Q(\boldsymbol{s})|^2\Big\{\sum_j |T_j(0)|^2 + \sum_j \sum_{k \neq j} T_j(0)T_k^*(0)e^{-2\pi i(\Gamma_0+\Gamma_0)(z_j-z_k)}\Big\} \quad (14.5)$$

となる. 式 (14.2) から $T_j(0) = mn$ となり, j 番目のテラス表面を構成する 2 次元単位格子の数となる. そこで, $T_j(0)$ を j 番目のテラスの占める面積 t_j に置き換えれば,

$$\begin{aligned}I &= |Q(\boldsymbol{s})|^2\Big\{\sum_j t_j^2 + \sum_j \sum_{k \neq j} t_j t_k e^{-4\pi i\Gamma_0(z_j-z_k)}\Big\}\\ &= |Q(\boldsymbol{s})|^2\Big\{\sum_j t_j^2 + 2\sum_j \sum_{k > j} t_j t_k \cos\big(4\pi\Gamma_0(z_j - z_k)\big)\Big\}\end{aligned} \quad (14.6)$$

となる.

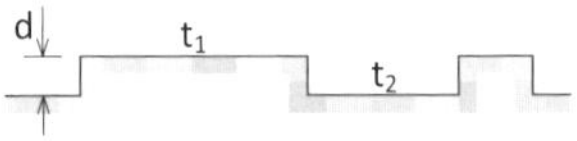

　ここで, 完全な 2 次元層状成長の場合を考える. 表面には単原子層ステップ表面 (ステップ高さを d とする) が形成されるので, 図 14.4 に示すように, 高さの異なる 2 段のテラス表面に単純

図 14.4　単原子層ステップ

化される. すなわち, 高さ d だけ高いテラス表面 t_1 と低いテラス表面 t_2 の 2 種類に整理でき, 前者のテラスの占める面積割合を c (これは被覆率に相当する), 後者の低いテラスの占める面積割合は $1 - c$ と規格化して表現すれば, 式

(14.6) は

$$
\begin{aligned}
I &= |Q(s)|^2 \left\{ (t_1^2 + t_2^2) + 2t_1 t_2 \cos 4\pi\Gamma_0 d \right\} \\
&= |Q(s)|^2 \left\{ c^2 + (1-c)^2 + 2c(1-c)(1 - 2\sin^2 2\pi\Gamma_0 d) \right\} \\
&= |Q(s)|^2 \left\{ 1 - 4c(1-c)\sin^2 2\pi\Gamma_0 d \right\}
\end{aligned}
\tag{14.7}
$$

となる.

ここで, ブラッグ条件, すなわち $2\Gamma_0 d = n$（ただし n は整数）のとき, 式 (14.7) の中括弧の値は 1 となり, c に対して一定値を取る. また, オフブラッグ条件, すなわち $2\Gamma_0 d = n + 1/2$ のときは式 (14.7) の中括弧の式は $(1 - 2c)^2$ となり, c に対して大きく変化する. すなわち, $c = 1/2$ のとき最小値をとり, $c = 0$ と $c = 1$ のとき最大値をとる.

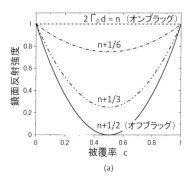

(a)

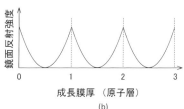

(b)

図 14.5　単原子ステップの層状成長に対する鏡面反射強度

被覆率 c に対する回折強度の変化を図 14.5(a) に示す. 各グラフは $2\Gamma_0 d$ の値が整数 n のブラッグ条件から $n + 1/2$ のオフブラッグ条件まで回折条件を変化させたときの鏡面反射強度の変化を示す. オフブラッグ条件で回折強度は放物線状に大きく変化するため, 図 14.5(b) に示すように層状成長する系に対して RHEED の鏡面反射は 1 原子層の成長毎に強度振動する, いわゆる RHEED 強度振動が観察される. この現象を薄膜成長モニターとして利用するには, 表面形態の変化に敏感な低視射角でかつオフブラッグ条件にすることが肝要であることがわかる.

このように運動学的理論から導き出される結論は明解である. しかしながら

RHEED 強度振動の物理が全て運動学的考察で理解できるものではなく，例えば入射条件により振動の位相シフトが観測されたり，1 原子層の成長中に 2 重振動が観測される場合もある．そのため，厳密な解釈には動力学的理論 [17] を用いる必要がある．

14.4　Si(111)7×7 基板表面上の CaF$_2$ 薄膜成長

RHEED 強度振動の一例として，Si(111)7×7 清浄基板上の CaF$_2$ 薄膜成長について紹介する [21]．基板温度を変えて測定した RHEED 強度振動の結果と薄膜成長後の RHEED 図形と原子間力顕微鏡（AFM, Atomic Force Microscopy）像の観察結果を図 14.4 に示す．RHEED 観測は 15 keV の入射電子を ⟨112⟩ の方位で視射角を約 3° に設定した．これは通常の RHEED 強度振動測定の視射角（0.5° 程度）に比べて少し高角ではあるが，ブラッグ条件から外れており，また RHEED 図形の観察には適した視射角である．CaF$_2$ は電子刺激脱離しやすい物質のため，入射電子のビーム電流は極めて低い値に設定している．

室温から 700 °C までの各温度に設定して成長させたときの RHEED 強度振動について，膜厚約 30 Å までの測定結果を図 (a) に示す．なお，横軸の膜厚については層間隔と蒸着速度を考慮して調整を行った．各温度における鏡面反射強度は蒸着用シャッターを開く直前において I_0 に規格化している．基板温度が室温，300 °C，そして 700 °C の場合については 200 Å まで成長させた後の AFM 像と RHEED 図形も図 (b)〜(d) に示す．

室温条件下ではシャッター開放後，鏡面反射強度は直ちに減少し，強度には振動が見られず，ほぼ 0 レベルを保持した．これは，基板表面上に CaF$_2$ が島成長することにより表面のステップ密度が増加し，3 次元島成長の進行により反射回折から透過回折に変化したことによる．図 (b) の AFM 像には 3 次元島が密集しており，RHEED 図形はディフューズな透過回折図形が観察される．

これに対し，基板温度が 100 °C から 450 °C の条件下では鏡面反射強度に振

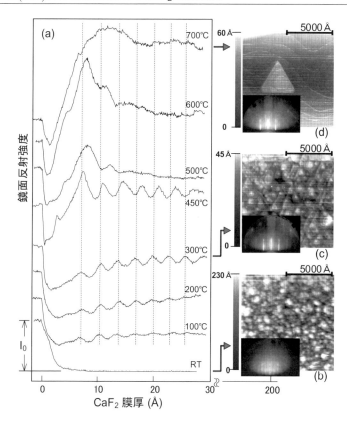

図 14.6 CaF_2 薄膜成長時の RHEED 強度振動

(a) 各温度に対する RHEED 強度振動, (b), (c), (d) はそれぞれ室温, 300 °C, 700 °C の温度条件下で 200 Å まで成長した後の AFM 像と RHEED 図形

動が現れ, 特に 300 °C から 450 °C では明瞭な強度振動を示す. 100 °C から 300 °C までの振動の周期は $CaF_2(111)$ の 3 重層の周期間隔 (3.15 Å) にほぼ対応することから, テラス上の 2 次元核成長による層状成長である. 図 (c) の AFM 像にも 2 次元島が多数見られ, RHEED 図形には $CaF_2(111)$ 結晶膜がエピタキシャル成長していることが確認される.

500 °C を越えるあたりから振動は見られなくなると同時に鏡面反射強度は

かなり高い強度レベルでほぼ落ち着いている．特に 700 ℃ では成長前と比べ，鏡面反射強度は 3 倍近く増加することが認められる．このような高温領域においては基板上の CaF_2 分子はステップエッジに取り込まれ，ステップ位置のみが移動するステップフロー成長になる．そのため，表面のステップ密度はほぼ一定であり，広いテラスの平坦表面のため反射強度は強くなる．図 (d) の AFM 像には大きな正三角形状のクラスターが存在するが，薄膜表面やクラスタ表面はともに平坦であり，ステップラインのみが観察できる．また，RHEED 図形は図 (c) と同様にエピタキシャル成長膜であることが伺えるが，菊池バンドはより鮮明に観察されることから薄膜内の結晶性はより高いことがわかる．

　以上，室温から 100 ℃ までは 3 次元島成長様式であるが, 100 ℃ から 500 ℃ 辺りで 2 次元核成長様式となり，500 ℃ から 700 ℃ 程度までは表面拡散の増大に起因するステップフロー成長様式に移行することがわかる．このように，RHEED 強度振動はその場測定のため，薄膜成長モニターとして有効な手法であることがわかる．

第 15 章

ナノクラスタの形態評価

　Si(0 0 1)2×1 清浄表面上に Ge 原子を蒸着すると四角錐（ピラミッド）状の Ge のナノクラスタが形成される．これを RHEED あるいは LEED で観察すると回折斑点に髭状あるいは四つ葉のクローバー状の強度分布が観察される．このような特徴的斑点形状，即ち斑点強度の空間分布を運動学的計算により求め，実験結果と比較する [22].

15.1　Ge ナノクラスタの形成

　Si(0 0 1)2×1 基板を 400〜500 ℃ に保ち，その基板上に Ge を成長させた時の RHEED 図形の観察結果を図 15.1 に示す．これらは 10 keV の入射電子を基板の Si(0 0 1) 表面の [1 1 0] 方位に，視斜角約 2° で入射させたときの回折図形である．

　図 15.1(a) は清浄な Si(0 0 1)2×1 基板表面からの RHEED 図形であり，2 倍周期の 2×1 表面超構造が見られる．図 (b) は，Ge を約 1 原子層蒸着した状態である．以後，蒸着膜厚を原子層すなわちモノレイヤー（monolayer, ML）単位で表記する．その回折斑点は基板に垂直方向に伸びたストリーク状となる．

Si と Ge の結晶の格子定数はそれぞれ 5.43 Å
と 5.66 Å であり，4 ％の格子不一致を有する．
写真では見づらいが，Ge の格子定数を反映し
て，間隔がごく僅かに狭いストリーク状の斑点
も重なって観察される．このようなストリー
ク状の斑点は 2 次元島の層状成長を示唆する
ものである．約 3 ML の蒸着では図 (c) に示す
ように，ストリーク状の一様な強度分布に変化
が現れ始めている．これは，Ge が層状成長か
ら 3 次元成長に移行し始めていることを示唆
するものである．約 5 ML 程度の蒸着では図
(d) に示すようにストリーク状の反射回折図形
から斑点状の透過回折図形に変化し，3 次元ク
ラスタの成長に移行したことがわかる．ここ
で注目すべきは，回折斑点に開き角の異なる
2 種類の髭状の強度分布が現れていることで
ある．

　このことを明瞭に示すため，図 15.1(d) の
RHEED 図形の 0 0 4 回折斑点付近の拡大図を
図 15.2(a) に示す．そこには矢印 A で示す左
右一対の強度分布，すなわち開き角の狭い 16°
の髭形状（タイプ A）と，矢印 B で示す開き
角の広い 50° の髭形状（タイプ B）が観察され
る．さらに Ge を約 7 ML まで蒸着すると開き
角の狭いタイプ A の髭は消失し，開き角の広

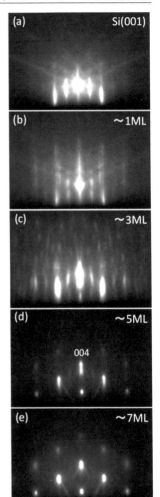

図 15.1　Ge の蒸着量に対
する RHEED 図形の変化

いタイプ B の髭のみ残ることが図 15.1(e) からわかる．このような回折斑点の
特徴的形状を計算で再現できるか次節で述べる．
　Si(0 0 1) 基板上の Ge はストランスキー・クラスタノフ成長であり，表面エ

ネルギーの制約から約4ML までは2次元層状成長を示すが，その後は格子歪によるストレスを解消すべき "ハットクラスタ" が表面一面に成長することが走査トンネル顕微鏡 (scanning tunneling microscope, STM) により観察されている [23]．Si(001) 表面を 400℃ に保った状態で 5ML の Ge 原子を蒸着した時の STM 像の模式図を図 15.3(a) に示す．{105} 面をファセット面とし，平均サイズが 100 Å 程度の "ハットクラスタ" が表面一面に成長している．そこには {113} 面をファセット面とする平均サイズ数百 Å の "ジャイアントクラスタ" も成長し始めている．両クラスタはピラミッド状の形態を有するが，45° 回転した方位関係を有し，それぞれのファセット面の傾斜角度は異なる．また両クラスタ内の Ge 原子はともにダイヤモンド格子を形成している．Ge 原子を 5ML 以上蒸着するとハットクラスタからジャイアントクラスタに移行することが知られている．

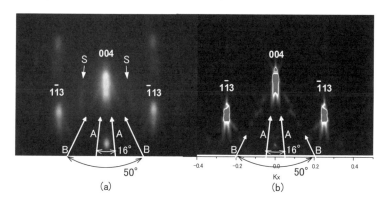

図 15.2　Ge クラスタからの RHEED 図形
(a) 実験結果，(b) 計算結果

　STM 観察結果に基づき，計算に用いるハットクラスタとジャイアントクラスタの形状と平均的サイズをそれぞれ図 15.3(b) と (c) のように想定する．ハットクラスタについては底面の正方形の 1 辺の長さが 10 nm，高さが 1 nm であり，4 つの斜面は {105} 面で囲まれている．内部の Ge 原子の総数は

1750 個であり，クラスタ底面の Ge(001) 面は基板の Si(001) 面と平行であり，結晶方位を合わせている．[110] 方向に向かって真横から眺めれば稜線の傾きは 8° である．一方，ジャイアントクラスタは，ハットクラスタに対して 45° 回転した四角錐である．底面の正方形の 1 辺の長さは 12.8 nm，高さは 3 nm であり，4 つの斜面は {113} 面で囲まれている．内部の Ge 原子の総数は 7436 個で，ハットクラスタと同様に基板 Si(001) 面と結晶方位を合わせたダイヤモンド格子をとっている．[110] 方向に向かって真横から眺めれば，斜面の傾きは 25° である．

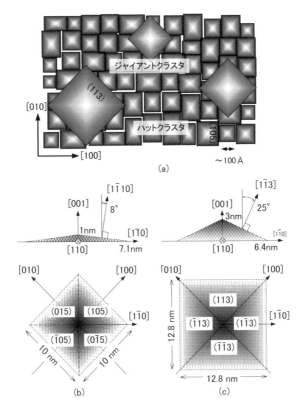

図 15.3　Ge クラスタ

(a) STM 像の模式図，(b) ハットクラスター，(c) ジャイアントクラスタ

15.2　RHEED 図形の計算シミュレーション

　RHEED の回折斑点の運動学的計算は，図 15.4 に示すように，入射電子波がクラスタの入射面で屈折してクラスタ内部に侵入し，クラスタを構成する各原子により散乱し，出射面で再び屈折を経て蛍光スクリーンに到達するまでの過程を考える．蛍光スクリーン上のある 1 点の強度は，入射電子波がクラスタ内の各原子で一回散乱して，蛍光スクリーン上のその点に向かって出射する電子波を全て足し合わせ，その波動関数の絶対値の二乗で求めることができる．すなわち，

$$I = \left| \sum_{i=1}^{n} \alpha_i f(\boldsymbol{s}) \exp(2\pi i \boldsymbol{s} \cdot \boldsymbol{r}_i) \exp(-M) \right|^2 \tag{15.1}$$

である．ここで，散乱ベクトル $\boldsymbol{s}$ はクラスタ内の反射の波数ベクトル $\boldsymbol{k}_2$ と入射の波数ベクトル $\boldsymbol{k}_1$ の差として $\boldsymbol{s} = \boldsymbol{k}_2 - \boldsymbol{k}_1$ で与えられる．このような計算を $\boldsymbol{s}$ を変化させてスクリーン上の各点に対して行えば，回折図形の強度分布を求めることができる．ここでは，図 15.3 と同一形態，同一サイズのクラスタが多数基板上に配向しながらも無秩序に並んでいると考える．したがって，各クラスタ間の干渉は無視し，一つのクラスタからの散乱強度をクラスタの数だけ加算する強度和として計算する．そこで，ここでは一つのクラスタからの計算結果を示す．

　計算では，原子散乱因子 $f(\boldsymbol{s})$，デバイ温度に基づくデバイ・ワラー因子 $\exp(-M)$ を考慮した．また，クラスタ内を透過する際の電子の吸収効果は，電子の平均自由行程 Λ と侵入距離 l を用いて $\alpha_i = \exp(-l/\Lambda)$ なる経験式で取り入れた．入射面での屈折効果により，クラスタに侵入する波数ベクトル $\boldsymbol{k}_1$ は，真空中の波数ベクトル $\boldsymbol{K}_1$ と平均内部電位 V_0，そして入射面の法線ベクトル $\boldsymbol{n}_1$（単位ベクトル）を用いて，次式により求められる．

$$\boldsymbol{k}_1 = \boldsymbol{K}_1 + \left(\sqrt{(\boldsymbol{K}_1 \cdot \boldsymbol{n}_1)^2 + \frac{2me}{h^2} V_0} - \boldsymbol{K}_1 \cdot \boldsymbol{n}_1 \right) \boldsymbol{n}_1. \tag{15.2}$$

出射面での屈折においても，k_1, K_1, n_1 を k_2, K_2, n_2 にそれぞれ変更する
だけで，上式と同様な関係が成り立つ．なお，面法線ベクトルは電子の進行方
向を正とする．入射面ではクラスタの外側を向く面法線ベクトルと電子の進行
方向は逆向きのため，図 15.4(a) に示すように負符号を付けて $-n_1$ と記した．

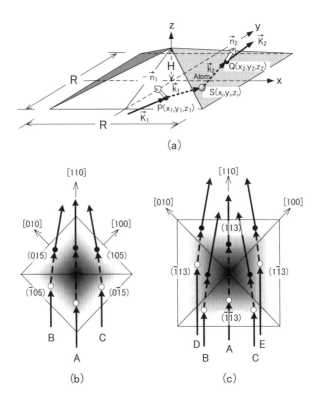

図 15.4　低視射角でクラスタに入射し，前方散乱する電子の軌跡

(a) 電子がクラスタに入射する時，および内部の原子により散乱されて出射する時の屈折の様子，
(b) ハットクラスタに対する幾つかの入射電子の軌跡，(c) ジャイアントクラスタに対する幾つか
の入射電子の軌跡．白丸は入射点，黒丸は出射点を表し，破線の矢印はクラスタ内部の散乱を含
めた軌跡を表す．

　図 15.4 の (b) と (c) は RHEED の入射方位が [110] の場合のハットクラスタとジャイアントクラスタにおける入射面と出射面を示す. 図 (b) のハットクラスタでは例として, 矢印 B の $(\bar{1}05)$ 面と矢印 C の $(0\bar{1}5)$ 面そして矢印 A の両ファセット面が接合する稜線から電子は屈折を伴って入射し, 破線の矢印で示すように内部で反射回折した後, (015) 面と (105) 面そして両ファセット面の接合する稜線から屈折を伴って出射する電子の軌跡を示しており, このような散乱を全ての Ge 原子に対して計算する. 一方, 図 (c) のジャイアントクラスタについても幾つかの例として, 矢印 A で示すように $(\bar{1}\bar{1}3)$ 面に入射して (113) 面から出射する電子の軌跡だけでなく, $(\bar{1}13)$ 面と $(1\bar{1}3)$ の両側面から入射する矢印 D, E で示す入射電子もあれば, 矢印 B, C で示す入射電子が側面の $(\bar{1}13)$ や $(1\bar{1}3)$ から出射するような軌跡もある.

　このように入射面と出射面での屈折も考慮して, クラスタ内部の各原子からの散乱電子がスクリーン上の 1 点 1 点に到達するための散乱ベクトルを求める. 散乱ベクトルが求まれば, スクリーン上のある 1 点の強度は, 式 (15.1) からクラスタ内部の n 個全ての Ge 原子からの散乱波の総和の絶対値の二乗で求められる. このような計算を, 予め細かく分割したスクリーン上の全ての点に対して行うことにより, スクリーン上の回折図形が得られる. クラスタ内の原子数は数多く存在するため, 運動学的計算と言えども多少の計算時間は要するが, 最近の PC の演算速度は速く, メモリー容量は高いため, この程度の原子数であれば十分実行可能である.

　図 15.4(b), (c) に示したハットクラスタとジャイアントクラスタの両クラスタが共存する場合の計算を行った結果を図 15.2(b) に示す. 図 15.2(a) の実験 RHEED 図形の矢印で示されるタイプ A およびタイプ B の髭状の強度分布が計算結果によく再現されていることがわかる.

　タイプ A の髭の開き角について考察する. 図 15.3(b) のハットクラスタを電子線の入射方位である [110] 方位から眺めれば {105} ファセット面の稜線がクラスタの輪郭として見える. その稜線の法線方向 ($\langle 1\,1\,10 \rangle$ 方向) は基板垂直方向から 8° 傾斜している. 電子線の屈折は稜線の法線方向に働くため,

左右両側の稜線を考慮して髭の開き角は 16° となることが理解される.

　一方，タイプ B の髭については，図 15.3(c) のジャイアントクラスタを考える．[1 1 0] 入射方位から眺めた場合，両側の {1 1 3} ファセット面がクラスタの輪郭として見える．{1 1 3} ファセット面の法線方向（⟨1 1 3⟩ 方向）は基板垂直方向から測って 25° をなす．電子線の屈折は，左右両斜面の法線方向に働くため，開き角 50° の髭となることが理解される.

　髭の長さについては，クラスタに入射する電子の平均自由行程と関係する．Seah らの報告 [24] によれば，10 keV の電子の平均自由行程は 50 ∼ 100 Å であるが，ここでは 100 Å として吸収効果を計算した．平均自由行程を長くすれば髭は短くなり，逆に短くすれば髭は長くなる．クラスタのエッジ領域をかすめ通る電子に対する吸収の影響は大きくないが，クラスタ中央部・底辺部を透過する電子はクラスタ内を長距離侵入するため強い吸収を受ける．電子の平均自由行程を長くとれば吸収効果は小さくなり，より広い領域からの回折電子波の干渉の結果，ラウエ関数効果により髭は短くなる．反対に平均自由行程が短ければ，狭く細長いエッジ領域からのみの回折となるため，ラウエ関数効果により髭は斜面あるいは稜線に垂直に長く伸びることになる.

　また，図 15.2(b) の計算結果をよく見れば，特にタイプ B の髭状強度分布は振動している．これもラウエ関数効果の現れと考えられる．本計算では 1 個のハットクラスタと 1 個のジャイアントクラスタを計算対象としたためである．実際にはサイズ分布を有する数多くのクラスタの集合体であるため，それぞれのクラスタのラウエ関数に付随する強度振動の周期は異なり，それらが重なり合えば，図 15.2(a) の実験観察のような平均化された一様な強度の髭になるものと解釈される．なお，その実験 RHEED 図形には矢印 S で示される 1/2 次の超格子斑点が見られるが，それはクラスタ表面に 2 倍周期の原子配列の存在を示唆している.

15.3 LEED 図形の斑点形状と計算シミュレーション

　ハットクラスタは，図 15.2(a) の実験 RHEED 図形において開き角 16° の
髭状の斑点 (矢印 A) として観察されるが，これを LEED で観察すると図 15.5
に示すように入射エネルギーとともに興味深い変化を示す．特徴は１１回折斑
点及びそれと等価な回折斑点（円で囲む斑点）や１０回折斑点及びそれと等価
な回折斑点（四角で囲む斑点）が 4 方向に伸び，伸びる方向は ⟨100⟩ 方向であ
る．それぞれの回折斑点の伸び幅は入射エネルギーに依存して異なる．これら
の振舞いはハットクラスタの形態を反映した逆格子点の形状を考えれば解釈で
きる．以下に，回折図形の強度分布計算とその結果について述べる．

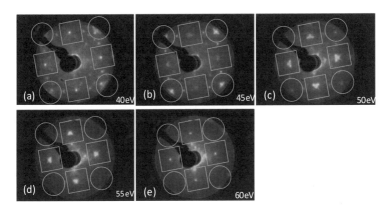

図 15.5　入射エネルギー変化に対するハットクラスタからの LEED 図形

　RHEED の斑点形状は，クラスターを透過する回折電子波の重ね合わせで計
算できることを前節で述べたが，LEED の場合は図 15.6 に示すように，基板
結晶に垂直に入射した電子がクラスタ内の原子により後方散乱する回折電子波
の重ね合わせを考える．LEED ではほとんどの場合，入射面と出射面は同一面
であることが特徴として挙げられる．計算過程として，1. 試料真上から入射
し，入射面で屈折してクラスタ内部に侵入する．2. クラスタ内の原子により

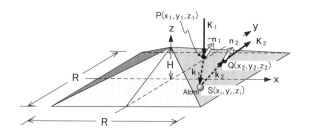

図 15.6　クラスタに垂直入射して背面反射する電子

散乱する．3. クラスタ内から真空に向けて出射する際に再度屈折する．

　このような過程をクラスタ内の全ての原子に対して計算する．蛍光スクリーン上のある一点の強度は，その方向に反射する全ての原子からの散乱波を重ね合わせ，その絶対値の二乗で強度を求める．この計算は式 (15.1) を用い，蛍光スクリーン上の全ての点に対して実行する．式内の各パラメータや Ge ハットクラスタのサイズは前節の RHEED の場合と同様である．

　ハットクラスタのファセット面を介して真空中の波数ベクトル K_1 の入射電子波が屈折効果を経てクラスタ内に侵入すると，波数ベクトル k_1 の電子波となるが，その波数ベクトルは既に述べた式 (15.2) から求めることができる．n_1 は入射面に対する法線ベクトルであるが，その向きを入射方向に取るため，図 15.6 では負符号を付けて表記した．式 (15.2) はクラスタ内の回折電子波が屈折を受けて真空に出射する際にも成り立ち，下ツキ文字の 1 を 2 に変更するだけでよい．回折斑点の強度分布を議論するには，このような運動学的計算で十分であり，計算から得られた LEED 図形を次に示す．

　入射電子エネルギーが 40 eV と 50 eV の計算結果と実験結果を図 15.7 に示す．計算結果の図 (a)，(c) はそれぞれ実験結果の図 (b)，(d) をよく再現している．例えば，回折斑点 11 は 40 eV で明瞭な四つ葉のクローバ状の形状（蛍光スクリーンから少しはみ出ている）が見られるが，50 eV になるとスポット状に収束している．一方，回折斑点 10 は，40 eV でかなり伸び広がった四つ葉のクローバ状の形状が弱く現れており，50 eV ではそのサイズが縮小するも

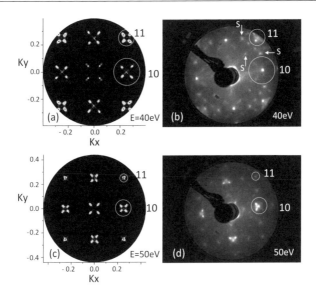

図 15.7　ハットクラスタからの LEED 図形の計算結果と実験結果との比較

(a) と (b) は入射エネルギー 40 eV の計算結果と実験結果．　(c) と (d) は入射エネルギー 50 eV の計算結果と実験結果．

のの未だスポット状にはなっていない．このように回折斑点の特徴的な振舞いが計算で見事に再現されている．なお，矢印 S で示すような超格子斑点も観察されるため，クラスタ表面には超構造の存在が示唆される．

　このような斑点形状を逆格子空間で考察するため，上記計算で得られる回折強度を図 15.8 に示すように逆空間内のエワルド球面上に写し取った．ここでは特に 11 斑点（11 逆格子ロッド）に注目する．入射エネルギーが 40 eV から 60 eV までの 5 eV 刻みで計算したエワルド球面上の強度分布を，原点位置を揃えて並べて表示している．すなわち，半径の異なる各エワルド球の中心は 00 ロッド上にあり，かつ逆空間の原点に球面が接するように配置しているため，エワルド球面上の強度分布は逆格子ロッドの強度分布を意味する．

　図 15.8 において，11 ロッド上の 206 逆格子点から下方に向かって鉛直方向

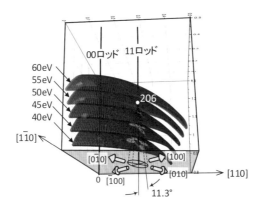

図 15.8　エワルド球面上に写し取った回折強度分布

　図 15.8 において，11 ロッド上の 206 逆格子点から下方に向かって鉛直方向から 11.3° の角度で 4 方向に開く強度分布の存在が確認される．このような逆格子空間における強度分布の存在が実験 LEED 図形に現れる斑点形状の特徴的振舞いの起源であることを以下に述べる．

　図 15.9(a) に Ge のダイヤモンド格子に対する逆格子空間を示し，その 11 逆格子ロッドと 00 逆格子ロッドを含む断面を同図 (b) に示す．50 eV の入射電子のエワルド球は 11 逆格子ロッド上の 206 逆格子点上をほぼ横切ることがわかる．40 eV の入射電子のエワルド球は 206 逆格子点の下方を横切るが，図 15.8 に示されるように，206 逆格子点から鉛直方向に対して 11.3° 傾く方向に強度分布が存在する．このような強度分布が [100] と等価な [010]，[$\bar{1}$00]，[0$\bar{1}$0] の 4 方向に伸びているため，エワルド球との交点は 4 点存在し，これが四つ葉のクローバ状の回折斑点を生むことがわかる．

　このような逆格子空間内の強度分布は，図 15.9(b) の挿入図に示すように 4 つの {105} ファセット面の法線方向に対応する．すなわちハットクラスタの形態に対するラウエ関数の分布が逆格子点の強度分布として現れている．

　電子回折法である RHEED や LEED は一般に原子レベルで平坦な結晶表面

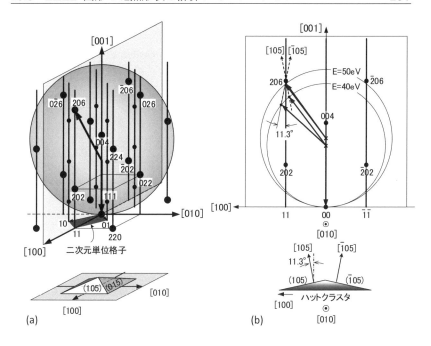

図 15.9 ハットクラスタに垂直入射する電子の回折

(a) は入射エネルギー 50 eV のエワルド球とハットクラスタの配置の関係, (b) は入射エネルギー 40, 50 eV のエワルド球の [001] と [100] 方位軸を含む断面図.

上で述べたように，クラスタの形態に関する情報もラウエ関数と屈折効果に影響を受けた回折斑点形状から取得可能であることがわかる．ただし，同じファセット面を有する同一形態のクラスタが数多く基板表面上に配向していることが必要である．

ここでは，3 次元島結晶である Ge クラスタに対して，RHEED では髭状の，LEED では四葉のクローバ状の特徴的な回折斑点形状が運動学的計算により解析された．LEED においては回折斑点形状の入射エネルギー依存性から逆格子点近傍の強度分布を探ることができ，その分布から真上から眺めたクラスタの形態情報が得られる．一方，RHEED では真横から眺めたクラスタの形態

タの形態情報が得られる．一方，RHEED では真横から眺めたクラスタの形態
情報が得られるため，両者を併用すれば 3 次元島結晶の総合的な形態情報が得
られる．

第 16 章

TiO$_2$(110) 基板上の Pt ナノクラスタの RHEED 図形

TiO$_2$(110) 基板上の Pt ナノクラスタは高い触媒活性を示す魅力的材料である. 前章では, 1 万個弱の Ge 原子から成るクラスタの形態に対する回折斑点の形状を解析した. 本章では十個前後という極めて少数の Pt 原子から成る極微小なナノクラスタが数多く基板表面に担持されたときの RHEED 図形について解析する [25].

16.1 Pt ナノクラスタの形態

Pt 結晶は図 16.1(a) に示すように面心立方格子をとり, 正三角形の影はその (111) 面を示す. 同図 (b) は禁制反射を除いた面心立方格子の逆格子点を示し, 正三角形状の影は

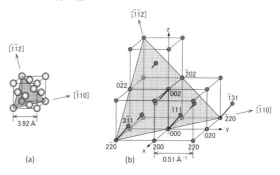

図 16.1 Pt の結晶構造

(a) 面心立方格子, (b) (a) の逆格子点を貫く逆格子ロッド

(111) 表面を表す. (111) 表面を 2 次元格子面とすれば, 六方格子となる. その逆空間には, 図 (b) のように逆格子点を貫き, 面垂直方向に伸びる逆格子ロッドが形成される.

　Pt クラスタの形態について, 7 個の Pt 原子からなるクラスタ (Pt$_7$ クラスタ) の場合は, 図 16.2(a) に示すように (111) 面の単原子層となり, 15 個の Pt 原子からなるクラスタ (Pt$_{15}$ クラスタ) は, 図 16.2(b) に示すような形態で 1 層目に 12 個, 2 層目に 3 個の Pt 原子が重なった 2 層構造をとることが STM 観察から報告されている [26]. そこで, この 2 種類の Pt クラスタを TiO$_2$(110) 基板上に担持した場合の RHEED 図形をシミュレーションする.

　TiO$_2$(110) 基板は図 16.2(c) に示すように, 酸素の原子列が高さ 1.3 Å

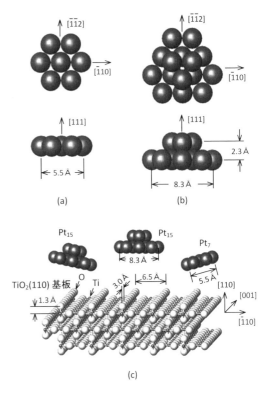

図 16.2　Pt ナノクラスタ

(a) Pt 原子 7 個から成る単層ナノクラスター : Pt$_7$,
(b) Pt 原子 15 個から成る 2 層ナノクラスター : Pt$_{15}$,
(c) TiO$_2$(110) 基板上に担持された Pt ナノクラスタ

で間隔 6.5 Å の畝状に並ぶ. さらに, 実際の表面では酸素欠損も存在するため, 表面は原子レベルでかなりラフである. この TiO$_2$(110) 基板上に Pt$_{15}$ あるいは Pt$_7$ のクラスターをそれぞれ担持した場合, それらクラスタの (111) 面

を底面として基板表面に吸着するが，表面の凹凸により傾斜したり，[111] 軸を回転軸として方位は任意となることが予想される．

16.2 RHEED 図形の計算

16.2.1 RHEED 図形の計算方法

一つのクラスタからの散乱強度はその構成原子が Pt のみの単元素であるため，原子散乱因子 $f_j(s)$ とデバイ・ワラ―因子 M_j をそれぞれ $f(s)$ と M と書き直し，

$$I = \left| f(s) e^{-M} \sum_{j=1}^{N} e^{-2\pi i s \cdot r_j} \right|^2 \tag{16.1}$$

により計算される．極微小なクラスタのため，入射電子の吸収効果は無視した．また，基板に担持された数多くの極微小なクラスタからの回折図形を観察するには，表面からの回折の感度を稼ぐために入射電子の視射角は極めて低くする必要がある．この場合，入射電子の多くは極微小なクラスタを透過回折するため屈折効果は無視する．

単層クラスタ（Pt_7）の場合の原子数は $N = 7$，2 層クラスター（Pt_{15}）の場合の原子数は $N = 15$ とし，Pt の原子座標 r_j は図 16.2 に示す配置を与える．式 (16.1) により，蛍光スクリーン上の 1 点の強度 I は，クラスタ内の N 個の原子からのその方向に向かう散乱波の合成による強度から求める．ただし，これは一つのクラスタからの散乱強度である．数多くのクラスタは配向性や周期性もなく基板表面に吸着するため，同様の散乱強度の計算を向きの異なる数多くのクラスタに対しても行い，それらすべての強度和を求めてスクリーン上の 1 点の強度を求める．このような計算を細かく分割したスクリーン上の全ての点に対して求めることにより RHEED 図形が得られる．

本計算では入射電子のエネルギーを 10 keV，基板表面に対する入射視射角を 0.5° とし，ナノクラスターからの透過回折が主として検出される条件とした．このような低入射では，基板結晶である $TiO_2(110)$ 表面からの反射はか

なり弱いことが期待され，ここでは考えないことにする．このような極限的に小さなナノクラスタからの微弱な回折強度を検出するといった挑戦的実験観察にはエネルギーフィルター型 RHEED を用いることは有効であり，実際にかなり弱いながらもナノクラスタからの強度分布が観察された．ここでは，観察結果の詳細は割愛し，RHEED 図形の計算結果について紹介する．

16.2.2　[11$\bar{2}$] 入射方位での Pt ナノクラスタからの RHEED 図形

　まずは，Pt$_{15}$ ナノクラスタが周期的ではないものの，Pt(111) 面が基板表面に水平に，かつ向きを揃えて配向する場合について考える．この場合，一つのクラスタからの計算で RHEED 図形の相対的強度は得られる．図 16.3(a) に示す [11$\bar{2}$] 入射方位，視射角 0.5° の条件で RHEED 図形を計算した結果を図 16.3(b) に示す．

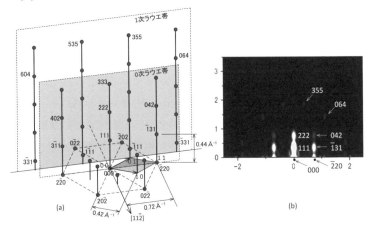

図 16.3　Pt$_{15}$ ナノクラスタ

(a) Pt(111) の逆格子点と逆格子ロッド，
(b) 0.5° の視射角で [11$\bar{2}$] 方位の計算 RHEED 図形

　回折斑点 000 や $\bar{2}$20 はシャドーエッジのすぐ下に位置するためスクリーンから外れるが，00 ロッド上の 111 や 222 斑点，あるいは 11 ロッド上の

$\bar{1}31$ や 042 斑点が観察される．これらは 0 次ラウエ帯上の斑点であるが，上方には 1 次ラウエ帯上の 355 や 064 斑点が弱く現れている．

16.2.3 Pt ナノクラスタの繊維構造からの RHEED 図形

次に，Pt_{15} ナノクラスターの (111) 面が基板表面に対して水平に保ちつつ，様々な方位を向く，いわゆる繊維構造をとる場合の RHEED 図形を計算する．この場合の逆格子空間は図 16.4(a) に示すように，各逆格子点は $[111]$ 軸を回転軸として円環状になり，逆格子ロッドは円筒状になる．すなわち，逆空間には $[111]$ 方向に強度分布を有する同心円環状あるいは同心円筒状の強度分布が形成される．これらとエワルド球との交点を考えれば，図 16.4(b) に示すような計算 RHEED 図形となる．実際の計算では式 (16.1) において，$[111]$ 軸を回転軸として $0.1°$ 刻みで $360°$ までクラスタの方位を変化させ，それら全ての方位からの散乱強度の和によりスクリーン上の 1 点の強度を求める．それをスクリーン上の全ての点に対して同様の計算を行えば RHEED 図形が得られる．

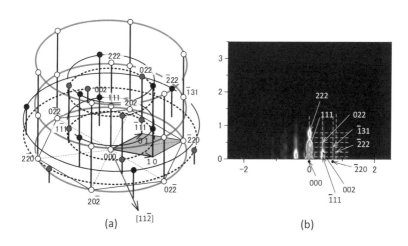

図 16.4 無秩序方位の Pt_{15} ナノクラスタ

(a) Pt_{15} の $[111]$ 軸を回転軸とした繊維構造の逆格子空間，
(b) 視射角 $0.5°$ での計算 RHEED 図形

16.2.4　傾斜 Pt ナノクラスタの繊維構造からの RHEED 図形

　図 16.2(c) に示すように，TiO$_2$ 基板表面は原子レベルでラフであるため，その上に担持される Pt$_7$ クラスタあるいは Pt$_{15}$ クラスタはそれらの (1 1 1) 面を基板表面上に置くが，方位の回転や傾斜を伴うことが容易に想像される．そこで，図 16.5(a)，(c) に示すように傾斜角 θ を 0° から 30° まで 1° 刻みで変化させながら，その各傾斜角に対して，基板垂直軸回りの回転角 ϕ とクラスタ面に垂直な軸回りの回転角 ϕ' をそれぞれ 1° 刻みで 360° まで 1 回転させ，それら全ての入射条件に対して計算されるスクリーン上の各点の強度和により RHEED 図形を計算した．その結果を図 16.5(b)，(d) に示す．ただし入射電子は 10 keV で，基板表面に対する視射角は 0.5° に固定した．

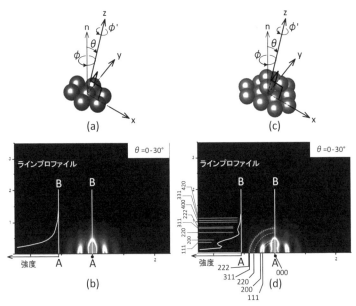

図 16.5　0 – 30° までの傾斜を伴う無秩序方位の Pt ナノクラスタ

(a) と (b) は Pt$_7$ ナノクラスタとその計算 RHEED 図形，
(c) と (d) は Pt$_{15}$ ナノクラスタとその計算 RHEED 図形

　図 16.5(b)，(d) には 000 斑点（黒点で示される点 A）から垂直に引かれた中央の直線 AB 上の強度がその左側にラインプロファイルとして示されている．Pt(111) の単原子層から成る Pt_7 ナノクラスタでは A から B に向かって単調減少を示すが，二原子層から成る Pt_{15} ナノクラスタでは幾つかのピークが現れる点が特徴的である．これは二層になることでクラスタの [111] 方向にも周期性が生まれ，傾斜と回転により弱く散漫なデバイ・シェラー環が図 16.5(d) のように形成されたためである．

　このように，入射視射角を 1° 以下に設定すれば，検出領域を最表面に限定することが可能となり，そこに極微小な Pt クラスタがたとえ無秩序であっても，ある程度の密度で基板上に担持されておれば，弱いながらも回折図形が得られる．今回の解析のように，クラスタが 1 層構造（Pt_7）か，2 層構造（Pt_{15}）かによる回折図形の強度分布には違いが現れることから，両者の識別は可能であることがわかる．

第 17 章

まとめ

17.1　表面電子回折（LEED, MEED, RHEED）のまとめ

　これまで表面電子回折法による回折図形の幾何学や回折強度，あるいは斑点形状ついて述べた．ここでは図 17.1(a) に示すダイヤモンド構造の Si(001) 表面の逆格子とともに LEED，MEED そして RHEED の各エワルド球のサイズの違いを実感する．

　図 17.1(b) に Si(0 0 1) 表面に対する逆格子点と逆格子ロッドを示す．Si 結晶の格子定数は同図 (a) に示すように $a = 5.43\,\text{Å}$ であるので，例えば逆空間内の原点から逆格子点 2 2 0 までの距離は $1/d_{220} = 0.52\,\text{Å}^{-1}$ である．図では逆格子点 $h\,k\,l$ を小さな黒点で示すが，各指数が偶数と奇数の混合の場合は面心立方格子と同じ禁制則が働くため，そのような逆格子点は排除している．ダイヤモンド構造の場合は更に $h + k + l = 4n \pm 2$ (ただし n は整数) の場合にも禁制則が働くが，表面近傍のごく限られた領域を検出する表面電子回折法ではこの禁制則が十分働かないこともあるため，図では排除せずに描いた．図 17.1(a) に示す白丸と黒丸にそれぞれ異なる 2 種類の元素が配置する場合には閃亜鉛鉱型構造となり，$h + k + l = 4n \pm 2$ の場合の禁制則は働かないので逆

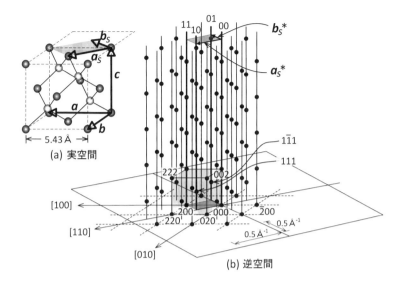

図 17.1 Si(001) 表面の逆空間

格子点は同図 (b) そのものとなる.

　図 17.1(b) には，3 次元格子の逆格子点を表面垂直方向に串刺しする多数の逆格子ロッドも描いてある．これらの逆格子ロッドは同図 (a) に示される Si(001) 面の a_s と b_s で表される 2 次元格子の逆格子ロッドに相当する．その基本単位格子は図 (b) のロッド上部に灰色で示す正方形で示す．例えば，10 ロッドは 111 逆格子点を通り，01 ロッドは 1$\bar{1}$1 逆格子点を通るロッドであり，さらに 11 ロッドは 200 逆格子点を通るロッドである．

　図 17.2 には，図 17.1(b) に示す Si(001) 表面の逆格子ロッドとともに LEED, MEED そして RHEED に相当するエネルギーのエワルド球を示す．図 (a) の LEED では 100 eV の入射電子を表面垂直に入射した場合であり，図 (b) の MEED では 1 keV の入射電子を [1$\bar{1}$0] 方位に視射角 $\theta = 45°$ で入射した場合である．図 (a) から図 (c) は入射電子のエネルギーを 10 倍ずつ大きくした場合のエワルド球を描いているが，その半径は入射エネルギーの平方根に比例す

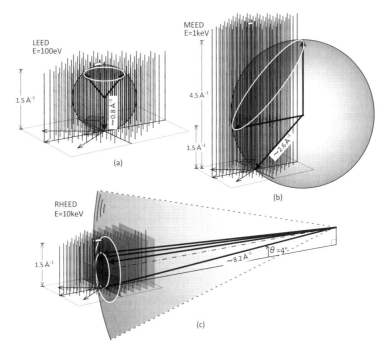

図 17.2　Si(001) 表面の逆空間とエワルド球のサイズの関係

(a) 入射エネルギー 100 eV の LEED，(b) 入射エネルギー 1 keV の MEED，(c) 入射エネルギー 10 keV の RHEED

るため，約 3.2 倍ずつ大きくなっている．それらのスケールの違いが図から読み取れる．

　図 (a)，(b) の白線の円は，球面型スクリーンで観察できる開き角 90° の範囲を示す．図 (c) の RHEED では 10 keV の入射電子を [110] 方位に視射角 $\theta = 4°$ で入射した場合である．白線で描く 2 つの円はエワルド球と 0 次および 1 次ラウエ帯との交線であり，回折斑点はこのような円弧上に乗る．LEED では後方散乱能が強いため，後方散乱電子を映すためのスクリーンは入射電子線の背後に設置されるが，RHEED では前方散乱が強いため，入射電子線の前

方方向にスクリーンは設置される．その中間の MEED では一般に数十度程度の入射視射角で，前方から後方にわたって散乱する電子を観察する．

　LEED では逆格子ロッドをエワルド球で表面平行方向に切断するため，ロッドの平面投影図を観察することになるが，RHEED では逆格子ロッドを表面にほぼ垂直な方向で切断するため，立面投影図を観察する方法と言える．したがって，LEED ではロッド配列の対称性，すなわち結晶の対称性を観察するには有効である．一方，RHEED では表面をなめるように入射するため，表面の原子レベルの起伏を有する形態情報を取得するのに有効である．

　図 (b) の MEED は，入射電子線の向きと球面型蛍光スクリーンの向きが直交する配置とし，試料表面に対して 45° の視射角で電子を入射させた場合を描いている．その MEED では，LEED や RHEED の場合と異なり，エワルド球と逆格子ロッドとの交点位置は原点から遠く離れている．LEED と RHEED では，エワルド球と交わる逆格子ロッドの高さが $1.5\,\text{Å}^{-1}$ 程度以下であるが，MEED では，前方散乱に限れば LEED や RHEED と同程度であるが，後方散乱に至っては交点位置が $4\,\text{Å}^{-1}$ 程度と高くなり，回折強度はかなり減衰する．実際に，前方方向で回折斑点は観察されやすいが，全体としては菊池図形が支配的である．しかしながら，入射電子エネルギーを数百 eV まで下げれば，LEED のように回折斑点が全体的に観察できるようになる．また，中速電子の数 keV 程度のエネルギー領域は原子の内殻励起に適しており，組成分析や電子状態の分析を併用する場合に有効である．

17.2　LEED と RHEED の特徴

　LEED と RHEED の回折図形はサイズの大きく異なるエワルド球で逆格子ロッド群を表面平行に切断するか，表面にほぼ垂直に切断するかの違いがある．そのため，LEED 図形は結晶表面の原子配列の対称性が容易に得られる．これ以外にも以下に述べるように LEED と RHEED には幾つかの違いがある．

(1) 検出深さ：LEED では入射電子エネルギーが数百 eV 程度以下のため，検出深さは 1 nm 程度以下である．入射エネルギーを大きくすれば侵入深さは深くなり，後方散乱能は落ちるため観測強度は低下する．一方，10 keV 程度以上の入射電子を用いる RHEED は，数度の視射角であるため，LEED と同程度の検出深さである．しかしながら，エネルギーの高い入射電子を用いるため，一部の入射電子は結晶内部に向かって非弾性散乱を経ながら数 nm 程度の深さまで侵入し，反射回折して菊池図形を形成する．入射電子の視射角を 1 度程度以下に低くとれば，極めて表面層に敏感となり，菊池図形はほとんど現れない．

　一般に，表面電子回折法は表面構造に敏感であるがゆえに，試料表面に不規則に吸着するコンタミの存在は回折図形を散漫化し，バックグランド強度を増大させるため，観察の妨げになる．したがって，超高真空中で試料表面の清浄化処理を行う必要がある．表面電子回折法は，一般に，そのような清浄化処理後の表面を観察する．あるいは，その上に特定な原子を吸着させた吸着表面や薄膜を成長させた薄膜表面を観察する．大気に曝した試料表面は，大気に含まれる多種ガス分子や水分子などのコンタミがランダムが付着するため，回折斑点の観察は困難となる．しかしながら，RHEED では入射電子のエネルギーを数十 keV 程度以上に大きくし，視射角をある程度高くすれば，入射電子の多くはコンタミ層を突き抜けて結晶内部にまで侵入するため，結晶内部を反映する回折図形が比較的明瞭に観察できる．

(2) 逆格子ロッドに沿った強度分布：逆格子ロッドに沿った強度分布は表面近傍の原子の位置情報を有する．エワルド球で逆格子ロッドを切断する位置を変化させながら，そのロッドからの回折電子強度を測定することによりロッドの強度分布を得ることができる．LEED では入射電子の加速電圧を変化させ，エワルド球のサイズを変えることにより，ロッドとの交点位置を変化させてその回折強度を測定する．このようにして得られる回折強度の加速電圧依存性を **I-V 曲線**と呼ぶ．一方，RHEED では入射電子の加速電圧は一定のまま，入射視射角を変化させることにより，逆格子ロッドとの交点位置を変えて回折強

度を測定する．このような回折強度の視射角依存性を**ロッキング曲線**と呼ぶ．
I-V 曲線やロッキング曲線を実験的に測定し，その実験結果と想定した表面構造モデルに基づく動力学的計算結果とを比較することで，表面近傍の原子位置を決定することができる．このような厳密な表面構造の解析には動力学的計算が必要になる．本書では運動学的計算法を中心に述べたが，動力学的計算法については別の機会に譲る．

　I-V 曲線やロッキング曲線の測定には，加速電圧あるいは視射角を一定の速度で変化させながら蛍光スクリーンに映る回折図形を CCD カメラでビデオ撮影し，PC にその画像データを格納する．ビデオ撮影時の回折斑点の位置はスクリーン上を移動するため，回折斑点位置を追随するソフトを用いて保存した画像データから注目すべき回折斑点の強度を抽出する方法が一般的である．また，回折図形に現れる例えば基本反射と超格子反射の回折強度はかなり異なるため，CCD カメラは 12 ビットか 16 ビット程度のダイナミックレンジの広いものを使用する必要がある．ダイナミックレンジが不十分な場合は，それぞれの回折斑点強度に応じた感度調整を行い，撮影を複数回行う必要がある．ビデオ画像からの斑点強度の抽出において，斑点を取り囲む四角形，円形，あるいは楕円形内の全ての画素の強度を加算して積分強度を求めるが，必要に応じてバックグランド強度を差し引く．

　(3) 回折図形の明瞭さ：一般に使用されている熱電子銃の場合，RHEED で用いる高速電子線は LEED で用いる低速電子線よりも開き角は小さくコヒーレント性（可干渉性）に優れている．更に，輝度や収束度も高いため，RHEED の回折図形は LEED のそれよりも明瞭かつシャープである．また，エネルギーの高さ故，蛍光スクリーンに衝突時の発光効率もよく，バックグランド強度に対するコントラストが高い．LEED の低エネルギー電子は蛍光スクリーンを発光させる能力が低いため，数 kV 程度の後段加速電圧を蛍光スクリーンに印加する必要があるが，非弾性散乱電子によるバックグランド強度も同時に高くなる．それを防ぐため，阻止電場印加用グリッドを蛍光スクリーン手前に設置し，バックグランド成分（非弾性散乱成分）を排除することにより回折図

形のコントラストを増強させる．球面グリッドに阻止電場を，球面スクリーンに後段加速電圧を印加するため，試料は球面グリッド及び球面スクリーンの中心に配置する必要がある．中心位置からずれれば，回折図形の歪みや強度分布の変化を生むので注意を要する．阻止電場印加用の球面グリッドのメッシュを細かくすればエネルギー分解能は上がる一方，透過率の低下を招く．また，阻止電場印加用グリッドにはレンズ効果が働くため，斑点サイズの多少の広がりは避けられない．その他，高速電子に比べて低・中速電子線は地磁気をはじめとする環境磁場による偏向作用を受けやすいため注意が必要である．

(4) その場観察：RHEED では試料表面上の空間が空いているため，様々な蒸着源や分析装置の設置が可能である．基板表面の RHEED 図形を観察しながらその基板上に薄膜を成長させれば，薄膜形成過程のその場観察が可能となる．RHEED 強度振動の測定は成長薄膜の膜厚モニターとして活用できる．このように，RHEED では試料表面上の動的変化に対するその場観察に適しており，薄膜形成に不可欠な観察手法と言えよう．一方，LEED では試料表面上の空間が球面型の光学系に覆われるため，その場観察には適さず，静的な観察手法と言える．LEED の加速電圧の変化は比較的容易であるため，I-V 曲線の測定結果と動力学的計算結果との比較から表面構造の解析に有力である．それは LEED 用の動力学的計算ソフトが普及していることも一因と考えられる．

(5) 試料表面上の微粒子：RHEED は試料表面を真横から，LEED では真上から観察する．結晶基板表面上に薄膜が成長する場合，成長系により成長様式が異なる．成長様式は一般に，2 次元層状成長，ストランスキー・クラスタノフ成長，そして 3 次元島成長に分類される．このような成長様式の違いは試料真横から観察する RHEED の鏡面反射強度の振舞いにより判別できるので，薄膜成長分野では必須な観察手段である．層状成長様式では逆格子ロッドの太さを反映するストリーク状の回折斑点が顕著となり，島成長様式では微粒子あるいはクラスタを入射電子が透過する透過回折図形が主として現れる．また，特定のファセット面を有する数多くのクラスタが配向して基板表面に成長すれば，そのクラスタの形態を反映する斑点形状が現れる．これは RHEED 図形

の回折斑点だけでなく，LEED 図形の回折斑点にも特徴的な形状が観察されるため，両者の回折斑点形状を総合的に解析することでクラスタの形態を評価できる．

17.3　表面電子回折から得られる情報

　表面電子回折法の中の特に RHEED 法から得られる情報として，図 17.3 にまとめた．図 (a) の清浄表面の構造解析は最も基本的な利用目的である．特に試料が半導体のような共有結合結晶の場合，表面原子は真空側に結合相手がないため，未結合手（ダングリングボンド）の数が増えて表面エネルギーが増大する．そのため，表面原子はダングリングボンドの数を減らすような原子配置の組み換え，すなわち再構築表面を形成する．RHEED 法はこのような超構造表面を評価し，構造分析するための極めて有効な手段である．ただし，表面原子の正確な位置を決めるには，動力学的回折理論を用いた回折強度の解析が必要になる．

　図 (b) に示すように，清浄な基板結晶表面上に異種原子を吸着させた吸着表面構造は基板の周期性を反映した長周期構造を取ることがよくある．そのような吸着原子の吸着サイトを知ることは薄膜成長の初期段階として重要であり，表面電子回折法で解析できる．図 (a)，(b) のような表面の原子配列構造は，RHEED の回折斑点強度のロッキング曲線，或いは LEED の回折斑点の I-V 曲線の動力学的回折理論を用いた解析により解明される．

　図 (c) に示すように，更なる原子堆積により薄膜が形成されるが，そのような動的な表面をその場観察することは薄膜の成長様式の把

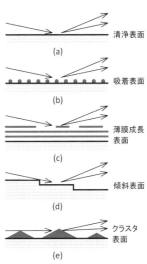

清浄表面
(a)

吸着表面
(b)

薄膜成長
表面
(c)

傾斜表面
(d)

クラスタ
表面
(e)

図 17.3　各種表面からの表面電子回折

握や，成長モニタとして応用上重要である．薄膜形成中に RHEED の鏡面反射強度を測定すれば，層状成長の際には強度振動が現れる．強度振動のその場測定により，原子レベルで膜厚制御が可能となる．

　図 (d) の微傾斜表面では回折斑点近傍の付加的斑点列の解析から微傾斜角を評価できる．ただし，鏡面反射強度は一般に強く，強度の弱い付加的斑点列はバックグランド強度に埋もれるため，エネルギーフィルター型 RHEED 装置が必要となる．なお，ここでは微傾斜表面を低指数面からの傾斜角が 1° 以下の場合を指す．傾斜角が 1° 以上の傾斜表面では菊池図形と回折斑点との幾何学的位置関係から，計算により傾斜角や入射視射角を得ることができる．

　図 (e) のクラスタの形態は透過回折斑点の形状を解析することで評価できる．ただし，数多くのクラスタがファセット面を有し，かつ配向していることが必要である．RHEED は試料真横から眺めた形態情報が取得できる．クラスタ全体の外観を知るには，RHEED の入射方位を変えるか，あるいは試料真上から観察する LEED の斑点形状を解析することが有効である．

　以上，表面電子回折法の種類や特徴，そして解析から得られる知見について網羅した．これらの内容が少しでも読者のお役に立てられれば幸いである．

第 18 章

付録

18.1 ドイル・ターナーの係数

ドイル (Doyle) とターナー (Turner) により提案された原子散乱因子を求める式は

$$f(s') = \sum_{i=1}^{4} a_i \exp(-b_i s'^2) \tag{18.1}$$

である。ここで、s' は $s' = \sin\theta/\lambda$ であり、本文で述べた散乱ベクトル $s = 2\sin\theta/\lambda$ の半分の値として定義される。各元素（原子番号 $Z = 2 \sim 92$）に対する係数 $a_1 \sim a_4$ と $b_1 \sim b_4$ の値を下表に記載する。

Z	a_1	b_1	a_2	b_2	a_3	b_3	a_4	b_4
2	0.0906	18.1834	0.1814	6.2109	0.1096	1.8026	0.0362	0.2844
3	1.6108	107.6384	1.246	30.4795	0.3257	4.5331	0.0986	0.4951
4	1.2498	60.8042	1.3335	18.5914	0.3603	3.6534	0.1055	0.4157
5	0.9446	46.4438	1.312	14.1778	0.4188	3.2228	0.1159	0.3767
6	0.7307	36.9951	1.1951	11.2966	0.4563	2.8139	0.1247	0.3456
7	0.5717	28.8465	1.0425	9.0542	0.4647	2.4213	0.1311	0.3167

Z	a_1	b_1	a_2	b_2	a_3	b_3	a_4	b_4
8	0.4548	23.7803	0.9173	7.622	0.4719	2.144	0.1384	0.2959
9	0.3686	20.239	0.8109	6.6093	0.4751	1.931	0.1439	0.2793
10	0.3025	17.6396	0.7202	5.8604	0.4751	1.7623	0.1534	0.2656
11	2.2406	108.0039	1.3326	24.5047	0.907	3.3914	0.2863	0.4346
12	2.2682	73.6704	1.8025	20.1749	0.8394	3.0191	0.2892	0.4046
13	2.2756	72.322	2.428	19.7729	0.8578	3.0799	0.3166	0.4076
14	2.1293	57.7748	2.5333	16.4756	0.8349	2.8796	0.3216	0.386
15	1.8882	44.8756	2.4685	13.5383	0.8046	2.6424	0.3204	0.3608
16	1.6591	36.65	2.3863	11.4881	0.7899	2.4686	0.3208	0.3403
17	1.4524	30.9352	2.2926	9.9798	0.7874	2.3336	0.3217	0.3228
18	1.2736	26.6823	2.1894	8.813	0.7927	2.2186	0.3225	0.3071
19	3.9507	137.0748	2.5452	22.4017	1.9795	4.5319	0.4817	0.434
20	4.4696	99.5228	2.9708	22.6958	1.9696	4.1954	0.4818	0.4165
21	3.9659	88.9597	2.9169	20.6061	1.9254	3.8557	0.4802	0.3988
22	3.5653	81.9821	2.8181	19.0486	1.893	3.5904	0.4825	0.3855
23	3.2449	76.3789	2.6978	17.7262	1.8597	3.3632	0.4864	0.3743
24	2.3066	78.4051	2.3339	15.7851	1.8226	3.1566	0.4901	0.3636
25	2.7467	67.7862	2.4556	15.6743	1.7923	2.9998	0.4984	0.3569
26	2.544	64.4244	2.3434	14.8806	1.7588	2.8539	0.5062	0.3502
27	2.3668	61.4306	2.2361	14.1798	1.7243	2.7247	0.5148	0.3442
28	2.2104	58.7267	2.1342	13.553	1.6891	2.6094	0.5238	0.3388
29	1.5792	62.9403	1.8197	12.4527	1.6576	2.5042	0.5323	0.3331
30	1.9418	54.1621	1.9501	12.5177	1.6192	2.4164	0.5434	0.3295
31	2.3205	65.6019	2.4855	15.4577	1.6879	2.5806	0.5992	0.351
32	2.4467	55.893	2.7015	14.393	1.6157	2.4461	0.6009	0.3415
33	2.3989	45.7179	2.7898	12.8166	1.5288	2.2799	0.5936	0.3277
34	2.298	38.8296	2.8541	11.5359	1.4555	2.1463	0.5895	0.3163

Z	a_1	b_1	a_2	b_2	a_3	b_3	a_4	b_4
35	2.1659	33.8987	2.9037	10.4996	1.3951	2.0413	0.5886	0.307
36	2.0338	29.9992	2.9271	9.5977	1.3425	1.952	0.5888	0.2986
37	4.776	140.7821	3.8588	18.991	2.2339	3.701	0.8683	0.4194
38	5.8478	104.9721	4.0026	19.3666	2.342	3.7368	0.8795	0.4142
42	3.1199	72.4642	3.9061	14.6424	2.3615	2.237	0.8504	0.3662
47	2.0355	61.497	3.2716	11.8237	2.5105	2.8456	0.8372	0.3271
48	2.5737	55.6752	3.2586	11.8376	2.5468	2.7842	0.8379	0.3217
49	3.1528	66.6492	3.5565	14.4494	2.818	2.9758	0.8842	0.3345
50	3.4495	59.1042	3.7349	14.1787	2.7779	2.8548	0.8786	0.327
51	3.5644	50.4869	3.8437	13.3156	2.6866	2.6909	0.8638	0.3161
53	3.4728	39.4411	4.0602	11.8161	2.5215	2.4148	0.8398	0.2976
54	3.3656	35.5094	4.1468	11.117	2.443	2.294	0.8293	0.2892
55	6.062	155.8336	5.9861	19.6951	3.3033	3.3354	1.0958	0.3793
56	7.8212	117.6575	6.004	18.7782	3.2803	3.2634	1.103	0.376
63	6.2667	100.2983	4.844	16.0662	3.2023	2.9803	1.2009	0.3674
79	2.388	42.8656	4.2259	9.743	2.6886	2.2641	1.2551	0.3067
80	2.6817	42.8217	4.2414	9.8557	2.7549	2.2951	1.2708	0.3067
82	3.5099	52.9141	4.5523	11.884	3.1539	2.5713	1.3591	0.3205
83	3.8412	50.2608	4.6794	11.9988	3.1924	2.5598	1.3625	0.3177
86	4.0779	28.4058	4.9778	11.0204	3.0955	23549	1.3259	0.2991
92	6.7668	85.951	6.7287	15.6415	4.0135	2.9364	1.5607	0.3348

18.2　ラウエ関数

x	$\phi(x)$	x	$\phi(x)$	x	$\phi(x)$	x	$\phi(x)$
0.1	0.97528	2.6	0.52637	5.1	0.31522	7.6	0.21587
0.2	0.95111	2.7	0.51434	5.2	0.30973	7.7	0.21311
0.3	0.92750	2.8	0.50268	5.3	0.30441	7.8	0.21042
0.4	0.90444	2.9	0.49138	5.4	0.29925	7.9	0.20780
0.5	0.88193	3.0	0.48043	5.5	0.29424	8.0	0.20523
0.6	0.85996	3.1	0.46983	5.6	0.28937	8.1	0.20273
0.7	0.83854	3.2	0.45955	5.7	0.28464	8.2	0.20029
0.8	0.81766	3.3	0.44960	5.8	0.28005	8.3	0.19790
0.9	0.79732	3.4	0.43996	5.9	0.27559	8.4	0.19557
1.0	0.77750	3.5	0.43062	6.0	0.27126	8.5	0.19329
1.1	0.75821	3.6	0.42158	6.1	0.26704	8.6	0.19106
1.2	0.73944	3.7	0.41281	6.2	0.26295	8.7	0.18888
1.3	0.72117	3.8	0.40433	6.3	0.25897	8.8	0.18675
1.4	0.70341	3.9	0.39611	6.4	0.25509	8.9	0.18467
1.5	0.68614	4.0	0.38814	6.5	0.25133	9.0	0.18263
1.6	0.66936	4.1	0.38043	6.6	0.24766	9.1	0.18063
1.7	0.65306	4.2	0.37295	6.7	0.24409	9.2	0.17868
1.8	0.63723	4.3	0.36571	6.8	0.24062	9.3	0.17677
1.9	0.62186	4.4	0.35869	6.9	0.23724	9.4	0.17490
2.0	0.60694	4.5	0.35189	7.0	0.23394	9.5	0.17306
2.1	0.59247	4.6	0.34530	7.1	0.23073	9.6	0.17127
2.2	0.57842	4.7	0.33890	7.2	0.22761	9.7	0.16951
2.3	0.56480	4.8	0.33271	7.3	0.22456	9.8	0.16778
2.4	0.55159	4.9	0.32670	7.4	0.22159	9.9	0.16609
2.5	0.53879	5.0	0.32087	7.5	0.21869	10.0	0.16444

18.3 DAS 表面の原子座標

Si(111)7 × 7 表面超構造の原子座標を以下に表として示す。最上層の吸着原子層から第2二重層までの200個の原子座標について、表面平行位置の座標 s と t は図 18.1 に示すように $a = 3.84(\text{Å})$（これは 1×1 単位格子の一辺の長さ）を単位長さとした斜交座標で表示し、深さ座標 z は第2二重層の上層側を深さの原点として Å 単位で表示した。

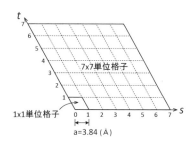

図 18.1　原子位置の斜交座標表示

No	s	t	$z(\text{Å})$	No	s	t	$z(\text{Å})$
1	2	1	4.289	101	3	6	1.897
2	4	1	4.289	102	5	6	1.897
3	6	1	4.289	103	0	0	0
4	4	3	4.289	104	1	0	0
5	6	3	4.289	105	2	0	0
6	6	5	4.289	106	3	0	0
7	1	2	4.289	107	4	0	0
8	1	4	4.289	108	5	0	0
9	1	6	4.289	109	6	0	0
10	3	4	4.289	110	0	1	0
11	3	6	4.289	111	1	1	0
12	5	6	4.289	112	3	1	0
13	3.333	1.667	3.379	113	5	1	0
14	5.333	1.667	3.379	114	0	2	0
15	5.333	3.667	3.379	115	2	2	0
16	1.667	3.333	3.379	116	3	2	0
17	1.667	5.333	3.379	117	4	2	0
18	3.667	5.333	3.379	118	5	2	0
19	1.333	0.667	3.009	119	6	2	0
20	2.333	0.667	3.009	120	0	3	0
21	3.333	0.667	3.009	121	1	3	0
22	4.333	0.667	3.009	122	2	3	0

No	s	t	$z(\text{Å})$	No	s	t	$z(\text{Å})$
23	5.333	0.667	3.009	123	3	3	0
24	6.333	0.667	3.009	124	5	3	0
25	2.333	1.667	3.009	125	0	4	0
26	4.333	1.667	3.009	126	2	4	0
27	6.333	1.667	3.009	127	4	4	0
28	3.333	2.667	3.009	128	5	4	0
29	4.333	2.667	3.009	129	6	4	0
30	5.333	2.667	3.009	130	0	5	0
31	6.333	2.667	3.009	131	1	5	0
32	4.333	3.667	3.009	132	2	5	0
33	6.333	3.667	3.009	133	3	5	0
34	5.333	4.667	3.009	134	4	5	0
35	6.333	4.667	3.009	135	5	5	0
36	6.333	5.667	3.009	136	0	6	0
37	0.667	1.333	3.009	137	2	6	0
38	0.667	2.333	3.009	138	4	6	0
39	0.667	3.333	3.009	139	6	6	0
40	0.667	4.333	3.009	140	2	1	-0.41
41	0.667	5.333	3.009	141	4	1	-0.41
42	0.667	6.333	3.009	142	6	1	-0.41
43	1.667	2.333	3.009	143	4	3	-0.41
44	1.667	4.333	3.009	144	6	3	-0.41
45	1.667	6.333	3.009	145	6	5	-0.41
46	2.667	3.333	3.009	146	1	2	-0.41
47	2.667	4.333	3.009	147	1	4	-0.41
48	2.667	5.333	3.009	148	1	6	-0.41
49	2.667	6.333	3.009	149	3	4	-0.41
50	3.667	4.333	3.009	150	3	6	-0.41
51	3.667	6.333	3.009	151	5	6	-0.41
52	4.667	5.333	3.009	152	0.667	0.333	-0.782
53	4.667	6.333	3.009	153	1.667	0.333	-0.782
54	5.667	6.333	3.009	154	2.667	0.333	-0.782
55	3	1	2.437	155	3.667	0.333	-0.782
56	5	1	2.437	156	4.667	0.333	-0.782
57	3	2	2.437	157	5.667	0.333	-0.782
58	4	2	2.437	158	6.667	0.333	-0.782
59	5	2	2.437	159	0.667	1.333	-0.782
60	6	2	2.437	160	1.667	1.333	-0.782
61	5	3	2.437	161	2.667	1.333	-0.782

No	s	t	$z(\text{Å})$	No	s	t	$z(\text{Å})$
62	5	4	2.437	162	3.667	1.333	-0.782
63	6	4	2.437	163	4.667	1.333	-0.782
64	1	3	2.437	164	5.667	1.333	-0.782
65	1	5	2.437	165	6.667	1.333	-0.782
66	2	3	2.437	166	0.667	2.333	-0.782
67	2	4	2.437	167	1.667	2.333	-0.782
68	2	5	2.437	168	2.667	2.333	-0.782
69	2	6	2.437	169	3.667	2.333	-0.782
70	3	5	2.437	170	4.667	2.333	-0.782
71	4	5	2.437	171	5.667	2.333	-0.782
72	4	6	2.437	172	6.667	2.333	-0.782
73	1.16	0	2.267	173	0.667	3.333	-0.782
74	1.84	0	2.267	174	1.667	3.333	-0.782
75	3.16	0	2.267	175	2.667	3.333	-0.782
76	3.84	0	2.267	176	3.667	3.333	-0.782
77	5.16	0	2.267	177	4.667	3.333	-0.782
78	5.84	0	2.267	178	5.667	3.333	-0.782
79	1.16	1.16	2.267	179	6.667	3.333	-0.782
80	1.84	1.84	2.267	180	0.667	4.333	-0.782
81	3.16	3.16	2.267	181	1.667	4.333	-0.782
82	3.84	3.84	2.267	182	2.667	4.333	-0.782
83	5.16	5.16	2.267	183	3.667	4.333	-0.782
84	5.84	5.84	2.267	184	4.667	4.333	-0.782
85	0	1.16	2.267	185	5.667	4.333	-0.782
86	0	1.84	2.267	186	6.667	4.333	-0.782
87	0	3.16	2.267	187	0.667	5.333	-0.782
88	0	3.84	2.267	188	1.667	5.333	-0.782
89	0	5.16	2.267	189	2.667	5.333	-0.782
90	0	5.84	2.267	190	3.667	5.333	-0.782
91	2	1	1.897	191	4.667	5.333	-0.782
92	4	1	1.897	192	5.667	5.333	-0.782
93	6	1	1.897	193	6.667	5.333	-0.782
94	4	3	1.897	194	0.667	6.333	-0.782
95	6	3	1.897	195	1.667	6.333	-0.782
96	6	5	1.897	196	2.667	6.333	-0.782
97	1	2	1.897	197	3.667	6.333	-0.782
98	1	4	1.897	198	4.667	6.333	-0.782
99	1	6	1.897	199	5.667	6.333	-0.782
100	3	4	1.897	200	6.667	6.333	-0.782

参考文献

[1] 下山 宏, 藤田 真, 電子銃・電子源（前編）–物理・光学的基礎–, 顕微鏡 **52** (2017) 160; 糟谷圭吾, 藤田 真, 電子銃・電子源（後編）–真空技術と光学設計–, 顕微鏡 **53** (2018) 36.

[2] 日本表面科学会編,『ナノテクノロジーのための表面電子回折法』, 丸善 (2003).

[3] J. B. Pendry, *Low Energy Electron Diffraction*, Academic Press (1974).

[4] A. Ichimiya and P. I. Cohen, *Reflection High Energy Electron Diffraction*, Cambridge University Press (2004).

[5] 富岡和彦, 島岡五朗, *MEED* による *Si* 表面の観察, 真空 **26** (1983) 411.

[6] Edited by A. J, C. Wilson and E. Prince, *International Tables for crystallography*, Volume C, Second Edition 1999, Published for International Union of Crystallography by Kluwer Academic Publishers, Netherlands, pp. 263–271.

[7] P. A. Doyle and P. S. Turner, *Relativistic Hartree-Fock X-ray and electron scattering factors*, Acta Cryst. A **24** (1968) 390.

[8] 加藤範夫,「回折と散乱」, 朝倉書店 (1978) 147.

[9] G. Radi, *Complex Lattice Potentials in Electron Diffraction Calculated for a Number of Crystals*, Acta Cryst. A**26** (1970) 41.

[10] C. Kittel, *Introduction to Solid State Physics*, Eighth Edition, John Wiley & Sons, Inc. (2005), 116.

[11] 高田昌樹,「基礎講座 < 基礎編 > X 線回折 (II)」, 応用物理, 第 **71** 巻 (2002) 453.

[12] K. Takayanagi, T. Tanishiro, S. Takahashi and M. Takahashi, *Structure analysis of Si(1 1 1)7×7 reconstructed surface by transmission electron diffraction*, Surf. Sci. **164** (1985) 367.

[13] Y. Horio and A. Ichimiya, *Kinematical Analysis of RHEED Intensities from the Si(1 1 1)7×7 Structure*, Surf. Sci. **219** (1989) 128.

[14] Y. Horio, *Zero-Loss Reflection High-Energy Electron Diffraction Patterns and Rocking Curves of the Si(1 1 1)7×7 Surface Obtained by Energy Filtering*, Jpn. J. Appl. Phys. **35** (1996) 3559.

[15] J. J. Harris, B. A. Joyce and P. J. Dobson, *Oscillations in the surface structure of Sn-doped GaAs during growth by MBE*, Surf. Sci. **103** (1981) L90.

[16] B. A. Joyce, P. J. Dobson, J. H. Neave, K. Woodbridge, J. Zhang, P. K. Larsen, B. Boelger, *RHEED studies of heterojunction and quantum well formation during MBE growth – from multiple scattering to band offsets*, Surf. Sci. **168** (1986) 423.

[17] Y. Horio and A. Ichimiya, *Origin of phase shift phenomena in RHEED intensity oscillation curves*, Ultramicroscopy **55** (1994) 321.

[18] Y. Horio, *Kikuchi patterns observed by new astrodome RHEED*, e-J. Surf. Sci. Nanotech. **4** (2006) 118.

[19] H. Daimon S. Ino, *One-dimensional circular diffraction patterns*, Surf. Sci. **222** (1989) 274.

[20] Y. Horio, *Different Growth Modes of Al on Si(1 1 1)7×7 and Si(1 1 1)$\sqrt{3}\times\sqrt{3}$–Al Surfaces*, Jpn. J. Appl. Phys. **38** (1999) 4881.

[21] 堀尾吉已, 佐藤誓一, 岩間三郎, *Si(1 1 1)7×7 表面上の CaF$_2$ 成長の RHEED 観察*, 表面科学, 第 **21** 巻 (2000) 473.

[22] Y. Horio, *Morphological Evaluation of Ge Nanoclusters by Spot Shape*

of Surface Electron Diffraction, e-J. Surf. Sci. Nanotechnol. **10** (2012) 18.

[23] M. Tomitori, K. Watanabe, M. Kobayashi and O. Nishikawa, *STM study of the Ge growth mode on Si(001) substrates*, Appl. Surf. Sci. **76/77** (1994) 322.

[24] M. P. Seah, W. A. Dench, *Quantitative Auger Analysis*, Surf. Interface Anal. **1** (1979) 2.

[25] Y. Horio, Y. Watanabe, Y. Takakuwa and S. Ogawa, *RHEED Patterns Calculated for Pt Nano Vlusters on TiO_2(1 1 0) Substrate*, e-J. Surf. Sci. Nanotechnol. **13** (2005) 125.

[26] Y. Watanabe, X. Wu, H. Hirata and N. Isomura, *Size-dependent catalytic activity and geometries of size-selected Pt clusters on TiO_2(1 1 0) surfaces*, Catal. Sci. Technol. **1** (2011) 1490.

索引

Ag(001) 121
Ag(111) 124
Al(001) 107

CaF$_2$ 182
CTR 116

Doyle・Turner 215

EBSD 140

LEED 9, 63, 207

MEED 9, 207

Pt 200

RHEED 9, 61, 207

Si(001) 162, 206
Si(001)2×1 163
Si(111) 126
Si(111)7×7 ....129, 160, 182
SWR 137, 139

TiO$_2$(110) 200

RHEED 強度振動 178, 181, 182, 212
RHEED 図形 12, 68, 129
I-V 曲線 210, 213
アインツェルレンズ 5
アストロドーム型 RHEED 139, 140

(111) 表面 122
1×2 表面超構造 162
1 次元回折 142
1 次元格子 50
1 次ラウエ帯 172

ウェーネルト電極 4
ウッドの記法 74
運動学的計算 127, 189
運動学的理論 81, 181

X 線回折 168
エネルギーフィルタ型 RHEED ..12, 159
エピタキシャル成長 177
エワルド球 52, 62, 70, 166, 196, 207
エワルドの作図 60

オフブラッグ条件 181
温度因子 105

回折強度 179
回折図形 60
回折パターン 60
回折斑点形状 185, 213
可干渉性 2
可干渉長 30
環状図形 142

菊池エンベロープ 136
菊池図形 166, 167
菊池線 132, 135
菊池電子 132, 134, 135, 167
菊池バンド 141
基本逆格子ベクトル 39, 43, 47
基本格子ベクトル 33
基本単位格子 33
基本単位胞 33
基本反射 135
基本反射斑点 129, 169, 173
基本並進ベクトル 33
基本ベクトル 33
逆空間 39
逆格子空間 196
逆格子点 40, 167, 207

逆格子ベクトル 40, 56, 100, 109
逆格子面 47
逆格子面ベクトル 47, 52
逆格子ロッド 41, 53, 166, 167, 207
逆格子ロッドベクトル 43, 53
吸収係数 27, 115, 117
吸着表面構造 213
鏡面反射強度 109, 180, 181
鏡面反射斑点 62, 136
行列による記法 74
禁制則 206
禁制反射斑点 171

空間格子 32
グリーン関数 85–88

傾斜角 166
傾斜表面 154, 214
形状因子 97
形態情報 197
結晶系 34
結晶格子 32
結晶構造因子 97, 108, 120, 124
原子間力顕微鏡像 182
原子散乱因子 91, 110, 215
原子層単位 185
検出深さ 210

格子定数 33
格子振動 102
格子点 33
格子不一致 186
格子面 35
構造単位 33
後段加速電圧 211
コヒーレント長 30
コヒーレント領域 113, 118, 123, 127, 128

SWR 領域 138
3 次元格子 55
3 次元格子面 167
3 次元島成長 73, 182, 184, 212
散乱振幅 ..84, 89, 90, 96, 113–116, 119,
120, 178, 179
散乱能 81
散乱ベクトル 51, 83

CTR 散乱 116, 117, 120, 123

磁界レンズ 6, 7
実空間 39
ジャイアントクラスタ 187, 192
シャドーエッジ 62, 171
出射面 166
シュレーディンガー方程式 84
晶帯 38
晶帯軸 39
晶帯面 39
消滅則 33, 100, 102, 110
ショットキー放出 2
Si(111)7×7 表面 9, 10, 12
Si(111)√3×√3–Al 表面 12
Si(001)2×1 基板 185
Si(001)2×1 表面 ...9, 10, 12, 169
真空中の SWR 139
シングルドメイン 163
侵入距離 190
侵入深さ 29, 117

ステップアップ方向 172, 175
ステップダウン方向 171, 173
ステップ高さ 161, 176
ステップフロー成長 184
ステップ密度 178
ストランスキー・クラスタノフ成長 ...73,
187, 212
スネルの法則 20

整数次反射 135
整数次斑点 129
成長モニタ 214
成長様式 212
静電ポテンシャル 84, 89, 95
静電レンズ 4
正方格子 113, 118
接線成分の連続性 19
(001) 表面 113, 118
004 菊池線 171
閃亜鉛鉱型構造 206

層状成長 73, 183
阻止電場印加用グリッド 211
その場観察 212

体心立方格子 35, 97
ダイマー 78
ダイマー列 79, 162, 169

ダイヤモンド格子 188
ダイヤモンド構造 206
多重散乱 81
DAS 構造 129
ダブルドメイン 80, 163
単位格子 33
単位胞 33
単位網 41
ダングリングボンド 73, 213
単純格子 34
単純立方格子 113
単分域 163

中速電子回折 1, 9
超格子斑点 129
超格子ロッド 129
直接斑点 62

低指数面 38
低速電子回折 1, 9
デバイ温度 105
デバイ・ワラー因子 .. 103, 104, 110, 190
テラス長 161
電界放出 2
電子回折 9
電子源 2
電子後方散乱回折 140
電子波 14

ドイル・ターナーの近似式 93
透過回折図形 212
透過率 26
動力学的計算 211
動力学的理論 81, 130, 182
ド・ブロイの関係式 15
ドメイン 80, 162

7×7 構造 173
7×7 単位格子 173
7×7 超格子 175
ナノクラスタ 185

2×1 構造 169
2×1 超構造 80
2×1 表面超構造 162
2次元核成長 183, 184
2次元形状因子 179
2次元格子 53, 167, 207

2次元層状成長 180, 212
二重分域 80, 163, 169
1/2 次ラウエ帯 172
入射面 166
二量体 78

熱振動 104
熱電子放出 2

薄膜の成長様式 213
波数ベクトル 17
ハットクラスタ 187, 192, 193, 195
反射回折強度 117
反射高速電子回折 1, 9
反射指数 55
反射率 26
バンチング 163
斑点形状 194, 196

B 因子 105
非基本単位格子 33
非基本単位胞 33
微傾斜角 157, 162
微傾斜表面 154, 214
髭状の強度分布 186
非弾性散乱電子 167
表面緩和 72
表面構造解析 130
表面再構成 73
表面超構造 72
表面電子回折 1, 9, 206
表面波共鳴 137
表面ランプリング 72

ファセット面 187
フォノン散乱 167
付加的斑点列 159
物質波 14
ブラッグ条件 181
ブラッグの反射条件 57, 58
ブラッグ反射 117
ブラベー格子 34
分域 80, 162
分数次斑点 129

平均自由行程 190
平均内部電位 18
平均内部ポテンシャル 18

平面投影図　.......................209
偏向作用　.........................212

方向指数　..........................36
ボルンの第一近似　...................88

膜厚モニター　.....................212

MEED 図形　.......................11
ミラー指数　........................35
ミラー・ブラベー指数　..............37

面指数　...........................35
面心立方格子　.....35, 101, 118, 122, 206

ラウエ関数　...............98, 109, 115
ラウエ点　...................52, 62, 70
ラウエの回折条件　...........52, 53, 55

LEED 図形　....................10, 68
理想表面　..........................72
立面投影図　.......................209

レンズ効果　.......................212

ロッキング曲線　..........108, 211, 213
ロッドベクトル　.................43, 70
六方格子　........................122

著 者 略 歴

堀 尾 吉 已
ほり　お　よし　み

1956 年　愛知県生まれ

1983 年　名古屋大学大学院工学研究科博士課程応用物理学専攻満了

1983 年　愛知県立高等学校教諭（～ 1991 年)

1991 年　名古屋大学工学部応用物理学科助手（～ 1997 年)

1997 年　大同工業大学工学部応用電子工学科助教授（～ 2002 年)

2002 年　大同工業大学工学部電気電子工学科教授 [2009 年大同大学に改称]（～ 2021 年)

2021 年　大同大学特任教授（～ 2023 年)

1986 年　工学博士（名古屋大学）

2021 年　大同大学名誉教授

専門は表面物理学

＜その他＞

・2010 年　日本表面科学会主催の表面科学基礎講座にて「表面回折手法 (RHEED／LEED)」
　の講師（～ 2016 年)

・2014 年　北陸先端科学技術大学院大学教育連携客員教授（～ 2016 年)

・2016 年　日本表面科学会 副会長・理事・中部支部支部長（～ 2018 年)

・2016 年　応用物理学会　薄膜・表面物理分科会　幹事（～現在)

・2018 年　日本表面真空学会 協議員（～現在)

＜主な著書（すべて分担執筆）＞

・表面物性工学ハンドブック　第 2 版（丸善, 2007)

・現代表面科学シリーズ（第 2 巻）表面科学の基礎（共立出版, 2013)

・マイクロビームアナリシス・ハンドブック（オーム社, 2014)

・Compendium of Surface and Interface Analysis (Springer, 2018)

・図説 表面分析ハンドブック（朝倉書店, 2021)

他 5 冊

わかる表面電子回折 （わかる工学全書）

2024 年 6 月 10 日　印　　刷
2024 年 6 月 30 日　初版発行

ⓒ　著　者　堀　尾　吉　已

発行者　小　川　浩　志

発行所　**日新出版株式会社**

東京都世田谷区深沢 5－2－20
TEL〔03〕(3701) 4112
FAX〔03〕(3703) 0106
振替 00100-0-6044，郵便番号 158-0081

ISBN978-4-8173-0262-5

2024 Printed in Japan

印刷・製本 平河工業社

日新出版の教科書・参考書

わかる自動制御	椹木・添田 編著	328頁
わかる自動制御演習	椹木 監修 添田・中溝 共著	220頁
自動制御の講義と演習	添田・中溝 共著	190頁
システム工学の基礎	椹木・添田・中溝 編著	246頁
システム工学の講義と演習	添田・中溝 共著	174頁
システム制御の講義と演習	中溝・小林 共著	154頁
ディジタル制御の講義と演習	中溝・田村・山根・申 共著	166頁
基礎からの制御工学	岡本良夫 著	140頁
振動工学の基礎	添田・得丸・中溝・岩井 共著	198頁
振動工学の講義と演習	岩井・日野・水本 共著	200頁
新版 機構学入門	松田・曽我部・野飼 他著	178頁
機械力学の基礎	添田 監修 芳村・小西 共著	148頁
機械力学入門	棚澤・坂野・田村・西本 共著	242頁
基礎からの機械力学	景山・矢口・山崎 共著	144頁
基礎からのメカトロニクス	岩田・荒木・橋本・岡 共著	158頁
基礎からのロボット工学	小松・福田・前田・吉見 共著	243頁
機械システムの 運動・振動入門	小松督 著	181頁
よくわかるコンピュータによる製図	櫻井・井原・矢田 共著	92頁
材料力学(改訂版)	竹内洋一郎 著	320頁
基礎材料力学	柳沢・野田・入交・中村 他著	184頁
基礎材料力学演習	柳沢・野田・入交・中村 他著	186頁
基礎弾性力学	野田・谷川・須見・辻 共著	196頁
基礎塑性力学	野田・中村(保) 共著	182頁
基礎計算力学	谷川・畑・中西・野田 共著	218頁
要説材料力学	野田・谷川・辻・渡邊 他著	270頁
要説 材料力学演習	野田・谷川・芦田・辻 他著	224頁
基礎入門 材料力学	中條祐一 著	156頁
新版 機械材料の基礎	湯浅栄二 著	126頁
基礎からの 材料加工法	横田・青山・清水・井上 他著	214頁
新版 基礎からの機械・金属材料	斎藤・小林・中川 共著	156頁
わかる内燃機関	廣安博之 著	272頁
わかる熱力学	田中・田川・氏家 共著	204頁
わかる蒸気工学	西川 監修 田川・川口 共著	308頁
伝熱工学の基礎	望月・村田 共著	296頁
基礎からの 伝熱工学	佐野・齊藤 共著	160頁
ゼロからスタート・熱力学	石原・飽本 共著	172頁
わかる自動車工学	樋口・長江・小口・渡部 他著	206頁
わかる流体の力学	山枡・横溝・森田 共著	202頁
工学解析ノート	横溝・森田・太田 共著	214頁
詳解 圧縮性流体力学の基礎	森田信義 著	202頁
詳解 水力学演習	水力学演習書プロジェクト 編著	206頁
わかる水力学	今市・田口・谷林・本池 共著	196頁
水力学と流体機械	八田・田口・加賀 共著	208頁
流体力学の基礎	八田・鳥居・田口 共著	200頁
基礎からの 流体工学	築地・山根・白濱 共著	148頁
基礎からの 流れ学	江尻英治 著	184頁
わかるアナログ電子回路	江間・和田・深井・金谷 共著	252頁
わかるディジタル電子回路	秋谷・平間・都築・長田 他著	200頁
電子回路の講義と演習	杉本・島・谷本 共著	250頁
わかる電子物性	中澤・江良・野村・矢萩 共著	180頁

日新出版の教科書・参考書

基 礎 か ら の 半 導 体 工 学	清水・星・池田 共著	158頁
電 子 デ バ イ ス 入 門	室・脇田・阿武 共著	140頁
わ か る 表 面 電 子 回 折	堀 尾 吉 巳 著	244頁
わ か る 電 子 計 測	中根・渡辺・葛谷・山崎 共著	224頁
要 点 学 習 通 信 工 学	太田・小堀 共著	134頁
新版わかる電気回路演習	百目鬼・岩尾・瀬戸・江原 共著	200頁
わ か る 電 気 回 路 基 礎 演 習	光井・伊藤・海老原 共著	202頁
電 気 回 路 の 講 義 と 演 習	岩崎・齋藤・八田・入倉 共著	196頁
英 語 で 学 ぶ 電 気 回 路	永吉・水谷・岡崎・日高 共著	226頁
わ か る 音 響 学	中村・吉久・深井・谷澤 共著	152頁
音 響 学 入 門	吉久(信)・谷澤・吉久(光)共著	118頁
電 磁 気 学 の 講 義 と 演 習	湯本・山口・高橋・吉久 共著	216頁
基 礎 か ら の 電 磁 気 学	中川・中田・佐々木・鈴木 共著	126頁
電 磁 気 学 入 門	中田・松本 共著	165頁
基 礎 か ら の 電 磁 波 工 学	伊藤・岩崎・岡田・長谷川 共著	204頁
基 礎 か ら の 高 電 圧 工 学	花岡・石田 共著	216頁
わ か る 情 報 理 論	島田・木内・大松 共著	190頁
わ か る 画 像 工 学	赤塚・稲村 編著	226頁
基礎からの コンピュータグラフィックス	向 井 信 彦 著	191頁
生活環境 データの統計的解析入門	藤井・清澄・篠原・古本 共著	146頁
統計ソフトR による データ活用入門	村上・日野・山本・石田 共著	205頁
統計ソフトR による 多次元データ処理入門	村上・日野・山本・石田 共著	265頁
Processing によるプログラミング入門	藤井・村上 共著	245頁
新 版 論 理 設 計 入 門	相原・高松・林田・高橋 共著	146頁
知 能 情 報 工 学 入 門	前 田 陽 一 郎 著	250頁
ロ ボ ッ ト・意 識・心	武 野 純 一 著	158頁
熱 応 力	竹内 著・野田 増補	456頁
力 学・波 動	浅田・星野・中島・藤間 他著	236頁
技 術 系 物 理 基 礎	岩井 編著 巨海・森本 他著	321頁
初 等 熱 力 学・統 計 力 学	竹内・三嶋・稲部 共著	124頁
基 礎 物 性 物 理 工 学	石黒・竹内・冨田 共著	202頁
環 境 の 化 学	安藤・古田・瀬戸・秋山 共著	180頁
増補改訂 現 代 の 化 学	渡辺・松本・上原・寺嶋 共著	210頁
構 造 力 学 の 基 礎	竹間・樫山 共著	312頁
技 術 系 数 学 基 礎	岩 井 善 太 著	294頁
基礎から応用までのラプラス変換・フーリエ解析	森本・村上 共著	145頁
フ ー リ エ 解 析 学 初 等 講 義	野原・古田 共著	162頁
Mathematica と 微 分 方 程 式	野 原 勉 著	198頁
理系のための 数 学 リ テ ラ シ ー	野原・矢作 共著	168頁
微 分 方 程 式 通 論	矢 野 健 太 郎 著	408頁
わ か る 代 数 学	秋山 著・春日屋 改訂	342頁
わ か る 三 角 法	秋山 著・春日屋 改訂	268頁
わ か る 幾 何	秋山 著・春日屋 改訂	388頁
わ か る 立 体 幾 何 学	秋山 著・春日屋 改訂	294頁
解 析 幾 何 早 わ か り	秋山 著・春日屋 改訂	278頁
微 分 積 分 早 わ か り	秋山 著・春日屋 改訂	208頁
微 分 方 程 式 早 わ か り	春 日 屋 伸 昌 著	136頁
わ か る 微 分 学	秋山 著・春日屋 改訂	410頁
わ か る 積 分 学	秋山 著・春日屋 改訂	310頁
わ か る 常 微 分 方 程 式	春 日 屋 伸 昌 著	356頁